自 然 文 库
N a t u r e
S e r i e s

In Search of the Canary Tree
The Story of a Scientist, a Cypress,

and a Changing World

寻找金丝雀树

关于一位科学家、一株柏树和
一个不断变化的世界的故事

〔美〕劳伦·E.奥克斯 著

李可欣 译

商务印书馆
创于1897
The Commercial Press

IN SEARCH OF THE CANARY TREE:

THE STORY OF A SCIENTIST, A CYPRESS, AND A CHANGING WORLD

By LAUREN E. OAKES

献给

约翰——他爱上了这片树林，并与之相守终身；

还有你，小宝贝——我尽力快快地写，好赶上你的到来。

这种极高贵的树……无疑是这片土地上最好的、也是大西洋沿岸所存价值最高的树之一……在数百年生命的终点，当倾倒的树干被劈开，树心还和它生命最后一刻一样鲜活。

——约翰·缪尔（John Muir），1882 年

北美金柏（*Callitropsis nootkatensis*）

目录

亚历山大群岛，位于阿拉斯加东南海岸。方框标示出书中三部分研究的大致
范围。①

---

① 1 英里 =1609 米

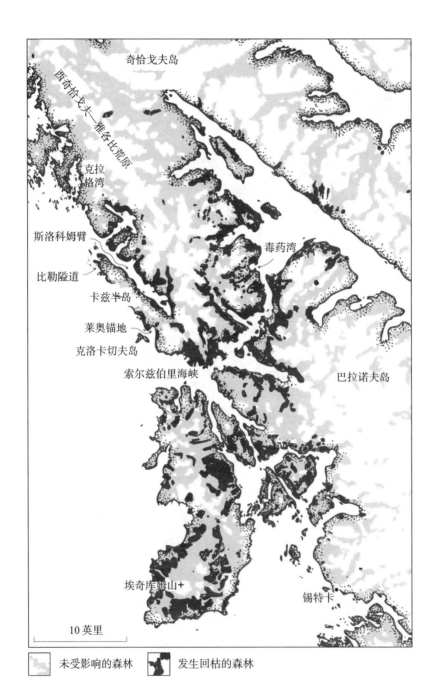

奇恰戈夫岛

西奇恰戈夫—雅各比荒原

克拉格湾

斯洛科姆臂

比勒隧道

卡兹半岛

莱奥锚地

克洛卡切夫岛

索尔兹伯里海峡

毒药湾

巴拉诺夫岛

埃奇库姆山+

锡特卡

10英里

未受影响的森林　　发生回枯的森林

第一部分中出现地点的详细地图。浅色阴影表示未出现、深色阴影表示出现
大量北美金柏死亡的森林。（数据由美国林业局收集）

序言

　　我去阿拉斯加是为着在墓场找寻希望。冰在融化，海在上升，干旱期在变长——在这个仿佛着了火的世界，我选了情况最糟的地方作为目的地。位于阿拉斯加东南的亚历山大群岛包含数千座小岛，其森林地面仍覆盖着厚厚的苔藓，林中树木从小苗到参天古木俱全：这样的区域地球上已不多见。但我登上塞斯纳（Cessna）四座飞机并非为着寻找云杉、铁杉跟柏树的童话森林。我是向着我曾研究过的森林——那些死树林立的墓场——进发。我多么渴望相信那些树能告诉我——借由科学——世界并非正在毁灭。

　　我紧了紧安全带，又扯了扯橙色救生衣的带子，用耳麦罩住双耳，好让塞斯纳引擎的嗡嗡声小一些。驾驶员埃弗里（Avery）按下了几处按钮，嘶嘶几声过后，耳麦稳定了下来。

　　"来检查一下声音。"他说。

　　"很清晰。"副驾驶座上的保罗报告道，"我能听见你。"

　　"我能听见你们俩。"我左侧的阿什利确认道。

　　"准备好了。"我说道，并将相机放到一边，以便看得到平铺在膝上的覆膜地图。

5 天前，我结束了在遥远的外岸度过的一整个夏天：在那里，我测量了已死和濒死的树木，风在飞旋，大洋的浪涌拍打着岩石海岸。我们此行是为了科研，也是为了野外后勤。我需要在离开前完成研究的实践部分。我的森林取样策略将得到两位前辈研究者的确认——来自国家林业局森林病理学家保罗·埃农（Paul Hennon）博士和统计学家 E. 阿什利·斯蒂尔（E. Ashley Steel）博士。我的研究何去何从——从树种选择到数年后的分析类型——完全取决于我们此行的结论。我很可能在海边奔走了一个夏天，却带不回足够支撑统计学研究的数据。我很可能花费了一两年处理我的巨量数据，最终却发现没有收集到解决研究问题所需的全部数据，发现漏了些什么。

这种树的学名是 *Callitropsis nootkatensis*。（植物学家对其属仍有争议，详后。）有人叫它阿拉斯加雪松，有人叫它黄柏，或努特卡柏，因为它最初的植物学记录是在温哥华岛的努特卡海峡。[1] 阿拉斯加人则叫它北美金柏。但说真的，名字不过是名字罢了。从一开始，对我最重要的就在于这些树很长寿，以及，虽然为人珍视（人们垂涎于它的金色木材，传统上崇拜其庄严和神秘的形象），在我们日渐变暖的世界中，它们却正在灭亡。

"准备好大饱眼福吧，"阿什利说，浮筒式起落架从水上收了起来。她期待地摆动着膝盖。飞机猛地转身，向西进发，我望着朱诺镇外那耀眼的蓝色冰川越缩越小，消失在遥远的景物之间。

"营地，"我想，"眼睛睁大点，寻找合适的营地——远离溪流的草地，以躲避熊；大面积有坡度的海滩，以供船靠岸跟飞机降落。"在这里，关心安全是完全正当的。我很可能受困于天气骤变、断粮，或者惊动到一头熊，在无意间引发它的攻击。

"想想分层随机取样。"阿什利说。这将我的思绪拉回了研究方法上。

读研两年后，我终于习惯了破译科学。分层，意味着我需要多处森林样本，以便基于树木病死的有无和严重程度将其分为特定类群；随机，意味着我需要某种取样方法，使得森林的每一个斑块都有同等几率被选中。

"斑块，"我想，将事情简单化，"我们在寻找死树的大斑块。"

我俯瞰泛着白沫的海，问自己：在未来的数个月间我们要应对些什么。在眯着眼尝试分辨一片绿色间的树种之后，我揭开相机的镜头盖拍了些照。我耐心地等待着，搜寻着飞逝的海岸线上的北美金柏。虽然已有准备，我仍然对前方、对我的研究、对我身心将发生什么毫无概念。

我手上的地图已经用黑笔标记了定位自不同数据集的死树。现在的计划是飞过它们上空。我需要确认它们不仅仅是像素点，而是确实在那儿：棕色的叶和光秃的枝，仿佛失落的肢体在等待腐坏，是警示标志，由此就能辨认出死树。而最终——一周、两周甚至七周之后，我和队友们将徒步或乘着因纽特人的小艇靠近其中的几株，测量已死和濒死的以及任何尚存的绿色的树。

在飞机抵达奇恰戈夫（Chichagof）岛前，我们有大约 30 分钟的时间，到时我便真得集中精力了。我试了试自己的技术，追踪着屏幕上的飞行轨迹，尝试将定位与膝上的地图、再与下方的实景匹配起来。我成功地保持了 10 分钟，并非技术好，而是因为我们飞行经过的多数是水面。很快我就完全迷失了，不论屏幕、地图，还是实景上，我都找不到方向，而且感到恶心想吐。

我伸手打开窗边的通风口，让新鲜空气吹向自己。阿什利看上去很苍白。

"你们感觉如何？"埃弗里在音频的嘶嘶声间问道。

"还行，空气稀薄的感觉不错。"我说，暗暗祈祷这听来不那么像嘲讽。

"想吐，"阿什利回答道，"我还没看到有斑块。"

我闭上眼深呼吸，以缓解恶心感。当我终于又睁开眼，确信自己不会吐出来时，不需要看地图或屏幕，我已经知道我们在哪儿了。

"哇噢噢噢噢！"我对着耳麦惊叫道。我们正飞过一条狭长的、流入密林陆地的海水动脉。"危险海峡（Peril Strait）。"我说道。

"我们来到海峡中央了。"保罗说，听起来近乎有些自豪。

左手边，青翠的岸线为峡湾和侧道所打断；右手边，赫然可见陡峭山崖上覆盖着枯木白骨——直立着仿佛电线杆子，是参天巨柏无叶的幽灵。与林立着濒死的柏树、满覆着褪色的深褐枯叶的大片地表相比，海滩上的巨石仿佛微尘。

在这之前，我的注意力完全集中在建立一个扎实的、不会坑了我和我的队友的科研项目上，我几乎没怎么想过当我第一次见到这些死去的树时，我会是什么"感受"。俯瞰时，它们的巨大主干好像成千上万的牙签扎在地上。如果树是人，任谁都会称这为一出悲剧——地球上现存最大的海岸温带雨林群落正为一种失控的传染病所横扫。[2]我感到小臂的汗毛竖了起来。

"取样，"我想，努力让思绪回到手边的工作。

"视野再大些。"保罗说。埃弗里带我们稍微升高些，好让我们看到岛上更远的地方。

当我们横过全岛，飞向另一侧海岸时，我的心头一紧，并非晕机，而是震惊。

随机抽样？从我膝上的经纬度构成的方格网中随机抽取斑块的计划——坐在办公室里，这一策略曾经显得既可行又合逻辑——但实际上根本不可能。即便我的小艇能停靠在最近的海滩，抵达这些远离大路、甚至不通小径的森林也要花费数日，我根本没有那么多时间。而试图将树分为重病的、死去不久的、死去很久的，也同样荒谬。在机上的俯瞰根本提供不了这样的精度。

在最后一刻提出新的取样计划可能是个巨大的失败，但我的忧虑并不像本应有的那么多。相反，一个内心深处的结分散了我的注意力，这个结紧紧围绕着一种失落感跟恐惧感。这种可怕的感受就好像在公路上，你驾车经过车祸现场，而没有救护车赶来救援。你不知道谁死了，谁永远地走了，什么样的爱情或生命会因此受到重创，又有谁留下而不得不重新开始。我们都可能是这飞来横祸的主角，而你得继续开下去，因为你别无他途。

只是在我，在此，不可能离开枯木林立的墓场"继续开下去"，不可能归家，也不可能忘却。我当时并未料到我的人生会因这些树而不同。那一刻，当飞过树林上方，以一种前所未有的方式，我感受到一种面对变暖的世界的脆弱。

"我们能容忍的改变存在一个限度，"我想，"对任何物种都存在一个门槛，一个倾覆点——人也不例外。"

我什么也没说，望向屏幕，确认了面前就是我刚刚度过整个夏天的海峡。斯洛科姆臂（Slocum Arm），大洋的另一条动脉，从南部切入奇恰戈夫岛。

埃弗里下降了一点。这死亡的景象甚至从机上俯瞰也令人毛骨悚然，死树仿佛路牌，征示着前方有更大的悲剧。

"这里头很平静，"保罗以令人安心的口吻说道，"这基本是你能从开阔的大洋获得的最高级别的保护了。"我稍稍放松下来，注意到自己的右手边有一处可以扎营的地方。

"死掉的树很多，"阿什利报告道，"但我看不出有什么分布带。情况在办公室里比在这里要好懂得多。"

还没踏足斯洛科姆臂的森林，已经出了这么多问题。但凝视着面前的墓场，我想："我是不会打退堂鼓的。"

"我会找到在地上给森林分类的方法的，"我说，"等我到那里。"
耳麦里又静了下来。

"是有办法，"保罗说，"只是跟我们想的不一样。"后来保罗告诉我他当时有些担心见到这些林地跟斑块的巨大尺度会令我想要退出——而就在几天之后，我真正的工作才开始。

我同意保罗的意见——我会找到另一种方法，在地上给森林分层。我曾带团行船于白色激流上，曾在落基山中开过路，在冰封的寒冬里徒步旅行。我会划船，不怕下雨，也不（太）怕灰熊，我相信和我的团队一道，我能解决任何科学难题。有志愿者帮我将食物供给装在防熊的金属盒子里，打好包。在锡特卡（Sitka），有一位随时待命的船长能带我们去海边。我已经花费了数千美元的资助，如何给森林分层只是未来数年中我们需要解决的许多问题中的头一个。我将越过重重障碍，去理解这些正在死去的树如何影响着周边的植物群落和人类社群，去发现——它们是否真是煤矿中的金丝雀①，正为我们自己的末日而鸣。

当时的我并未料到最终我将从这些死去的树里得到更多、超过单纯的希望。它们将令我深信我们有能力应对气候变化；它们将鼓动我出自己的一份力；它们将领我走出对于人类世界未来的悲观，认识到我们仍能做的种种而乐观起来。

动身回斯洛科姆臂时，我不再单独聚焦于死树，而是观察起树的四围来。从枯木顶端和周围，绿色正探出头来。莫非有新的森林正在形成？又是什么样的个体能经历着变化而存活下来？那些个体就在那儿，我能看到它们穿过破碎的林冠层够向光。找到答案是我的使命，而这使命不仅仅是为着这些树的命运。

---

① 英语文化中，煤矿中的金丝雀指对危险的预警。早期煤矿工人下矿时以笼子携带金丝雀，通过这种对一氧化碳等有毒气体敏感的鸟类实现预警。——译者注

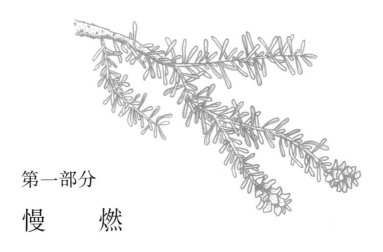

第一部分
慢　　燃

发现未注意之美的办法之一是自问：

"如果这是我从未见过的会怎样？

如果这是我再不得见的会怎样？"

——蕾切尔·卡森（Rachel Carson）

引子

2015年3月4号，斯坦福大学。我面前坐着一百多号人，有同事、朋友和家人。我的博士答辩：成为持证科学家——扔掉"女士""小姐"（或者某天："太太"），换上"博士"——路上的最后一道坎。我以为通过答辩将令我如释重负，能给我更大的自由感来开启我的科学事业，而结果却并非如此。

在我们今日对气候变化真实而可度量的理解出现前许多年，生态学家奥尔多·利奥波德（Aldo Leopold）便提出"生态学教育带来的一大后果是人仿佛在一个充满创伤的世界中孑然求生"。[1]然而今日的新闻将这一后果带给了更广的受众——它以一系列大标题描绘出一幅骇人的未来图景："异常气候遍袭世界""格陵兰岛在短短4年之间冰量骤减1万亿吨""大洋变暖超乎人之所见""我们正死于气候变化"。[2]如果知道我们当前的气候轨迹、接受这一事实，我想不论科学家还是普通市民都会困惑：我们能做些什么？在这一骇人的末日感中，我们要怎样更好地活着？

花费六年时间研究气候变化的影响——对森林跟依森林而存的人——在我个人意味着什么，我先前并未考虑太多。我从未想过加入这一小小的竞争圈子意味着什么——这圈子由活在这一创伤世界中、受过高度训练的科学家组成——以及寻到前路需要付出些什么。

一切都始自我 2010 年时的那个问题：在北美金柏死后，森林将如何发展？——当时的我以为解答会很简单。较之一些同事所计划的预测气候变化跟旱情（这些是我认为科学上最难的选题，就其对人类的潜在影响而言也是最黑暗的），我其实认为自己的问题相当乐观。我想了解在失丧跟变迁间有些什么物种还能生长繁荣，我们所形成的环境有什么样的生命能耐受，以及如何跟为何。这一问题始自一片与世隔绝的海岸，继而展开于遍布阿拉斯加东南的众群落。乘艇或步行，我花费数月去到散布于数英里长的崎岖海岸线上的一处处森林，循着我的求索，来到猎人、博物学家和当地织工的离网的家，来到曾负责清伐这处美国最大的国家森林原生林的守林人的小屋。我指望记录影响，但也是在为一个看似难解的问题寻找解答。

博士生涯开始前，我从未料到自己会沉迷于单单一种针叶树，更不用说这一种还长在亚历山大群岛。事实上，我一直认为将数年时间单单投注于一种物种的科学家们相当古怪（可能因此我早已命中注定要成为他们中的一员）。但请别误会，北美金柏（*Callitropsis nootkatensis*）将会是你沉迷某一树种的绝佳选择。

北美金柏形态壮美，体形巨大，与其他柏科植物——比如西内华达山脉（Sierras）的巨杉（sequoia）跟智利沿海山脉参天的山达木（alerce）——有亲缘关系。[3] 然而零星分布于诸斑块跟小区域中的北美金柏却在数百甚至数千年间未受太平洋西北岸变化的影响。原因无人确知。每棵树的年轮中都记录着丰年跟灾年。北美金柏的树心记载了一段漫长的生命事件历史，人眼虽然可见，但唯有科学能解。

1879年，博物学家约翰·缪尔（John Muir）从加利福尼亚前往阿拉斯加，其时他在日记中为北美金柏作了速写，称其"羽毛般的"枝干"分成美丽的浅绿色小枝"。[4]在数千年间，当地人用树皮纺织，用木材制作图腾柱和艇桨，与此树建立了密切的关系。在今天，北美金柏仍是太平洋西北岸最具经济价值的树种之一。

北美金柏迷人、优美且有益人类，但其成为我研究中心的原因，却在于这一历经沧海而存活于今的树种正在大片地死亡。

已知最早的死亡斑块报告来自一位名叫查尔斯·谢尔顿（Charles Sheldon）的猎人，他于1909年在沼泽地区注意到了死亡斑块。[5]到20世纪末，科学家观察到高比率的树木死亡引起了阿拉斯加人的关注。[6]在我开始博士研究之时，由保罗·埃农博士领导的一组研究人员刚刚发现了导致北美金柏死亡的罪魁祸首：气候变化。

靠近两极的地方变暖的速度更快。[7]20世纪中期开始，阿拉斯加的升温幅度达到了全球平均的两倍。[8]气候变暖同其全部后果一道，已经成为阿拉斯加人的切身经验——现实、当下。故而我追求的并非为北美金柏而研究北美金柏，对于生态过程跟种族进化的单纯好奇心于我尚不足够，我不想止步于发现。同多数环境科学家一样，我想要解决问题。我想着，当气候变化的后果在全球接踵而至，阿拉斯加人如何应对变化的环境、应对失去这种壮美的树，说不定能令我望到自己的未来——望到我们所有人的未来。

长期以来，变化的景观令我着迷且关注。年少时我便喜欢用相机镜头定格人与自然间的复杂关系。14 岁那年我从父亲那里继承了祖父的柯达雷汀娜相机，一件 20 世纪 50 年代的古董。我家后院一棵老枫树的照片填满了我最初的相册。照片记录着树身上因修剪留下的伤痕：一次次地，树形由此慢慢被重塑。后来，拿着父亲的 35 毫米奥林巴斯，我拍下割裂田地的道路、花园中修剪整齐的灌木、裸露方形土壤上栽着瘦弱树木的城市人行道。我着迷于人们如何改变自然世界，我的整个二十多岁都为其所引领，从一处被改变的环境到另一处。

在罗德岛，我追溯过街道造成的水污染；在美国西部，我目睹了为油气开发所改变的群落和沙漠景观；在阿拉斯加西南原始流域，我直面过采矿业的发展；在智利温带森林，我遭遇过公路建设。我曾是环保倡导者、纪录片制作者和政策研究者。但为了学习如何更精确地、系统地评价环境变化的后果，我决定成为一名科学家。现在看来，出乎意料地攫住了我这个年轻科学家的那棵柏树，大约在当年后院那棵枫树身上便早有预兆。

北上阿拉斯加时，我内心最大的问题在于绝望和希望。是否我们都该承认战败、举手投降？有没有谁能做些什么真正带来改变？什么能带来改变？随着对气候变化认识的增长，解决这些问题的努力也在日增。世界变暖的图景似乎压倒一切、庞大而超乎我们的控制。气温预测描绘着一个在未来数十年间慢慢变红的星球。科学家们今日所展示的图表、数字、复杂模型还有统计，差不多都异口同声："已经太迟了。"即便我们停止一切排放、在我们创造的生活节奏中来个急停，仍然太迟了。灾难的轨迹仍将沿着巨浪般的弧线推进，直到击中我们。

但从 2010 年到 2015 年——通向我在斯坦福答辩的那些年——我

却活在谨慎的希望中。我研究当北美金柏死后森林群落内其他植物会何去何从，以及阿拉斯加人如何适应当地环境的变化。在外岸，我见到许多死树，但即便在受到回枯①影响的森林中，我也找到了幸存者。是什么令这些特定的北美金柏存活下来，又是什么令别的树种取而代之？数据和观察为我提供了一些答案，其余事实则只能从熟知森林的人们那里获知。

我的研究是生态与社会科学的糅合。同人交谈的重要性对我而言不亚于测量植物跟记录温度数据。当然，跟所有同事一样，我提出假设并借由系统方法寻找答案，但作为一个人，生存于面对着气候变化带来的各样威胁的世界中，我也以出于个人的恐惧感跟无助感的方式求索着。关于此，我到现在为止还没太谈到。科学家的训练要求我们不偏不倚且精确，要不惜一切代价避免掺入个人因素。这与研究过程的全部错综复杂一道被藏在黑匣子中。

在科学意义上，我确实有所发现。通过对崎岖外岸沿线的数千植物进行测量，我发现森林正在复兴。通过对珍视这种树的阿拉斯加人进行深入采访，我发现这一人类社群正在与形成中的环境建立新关系。答辩当天，我展示了一系列表格跟图表，详细表现人们如何以种种方式回应树的死亡、应对变化。人们找到了北美金柏的替代品，发展出利用死树的途径。面对挫败，他们在寻找机会，尝试恢复与创新。

我的研究已经在一本科学期刊上得到发表，⁹更多论文也行将付梓。¹⁰但还缺少些什么。在精心提炼简洁、科学的语言时，人性的要

---

① dieback，也译作顶梢枯死，指一些植物从顶梢开始逐渐向下枯死的现象，可能由疾病或环境因素引起。——编者注

素被我剥除尽净。

"测量 2064 株成年树与 882 株幼苗。"短短一句话、两个数，省略了我长达数月的个人经历——在这些死树间我如何生存跟感受，如何倾听与呼吸。当 1500 页采访记录被提炼成一张简洁的表，一个伐木工如何满怀欣赏地以生满老茧的手拂过纹理细致的木材，以及当一个阿拉斯加人讲述一棵壮美的北美金柏时整个房间是如何地安静都被我略而不提。从格雷格·史翠夫勒（Greg Streveler）这样的博物学家、泰瑞·洛夫加（Teri Rofkar）这样的特林吉特土著或者韦斯·泰勒（Wes Tyler）这样的伐木工那儿听来的故事——在失去一种曾为自己所用、所珍视、所爱的树种的同时，这些人找到了从形成的环境中获益的方法也被我删减。

当被要求描述北美金柏时，人们会用这样一些词打破令人肃然起敬的沉默：气味甜美、罕见、美丽、迷人、令人屏息、强健、刚毅、性感、神秘、智慧。一个特林吉特土著曾向我解释与自然建立紧密关系——那种多数人只会同另一个人建立的关系——如何令人获得应对变化的能力。科学中没有这类细节的容身之处，我只得将她传神达意的话翻成数据点。在分析中我忠实于她所分享的，在解读中我保持客观，但研究过程掩埋了本质。

我在答辩前对 PhD"答辩"所知甚少。这一过程因体制跟国家而有所不同，但大体要旨是一致的：年轻科学家公开展示自己的研究，应对常规提问，接着进入与前辈科学家的一对一问答环节，由后者判断研究的价值。完成这全套环节过后，我在答辩室外的走廊独自踱步，等待审议决定。

当委员会请我回答辩室并第一次称我为奥克斯博士时，我惊讶于自己并未感到解脱。是，我感到释怀，但并非我所预料的解脱。相反，有一种噬心的紧迫感：有更多需要我做的。有些事情还未解决——有些更个人的而非科学的事情。

为在高层科学家中间获得一席之地，我曾加倍努力，但我同样需要让自己的工作走出专业的回音室。尽管已经为自己的研究写下的233页成果即将签名、盖章并提交，然而我知道为现在这本书我还会写出同等的页数。结束答辩后不久，我回到办公室，带着一箱日记和纸，开始将数年的笔记数字化，让被掩埋的本质复活，为我自己寻找解答：今日，靠着我所学到的，如何能在这飞速变化的世界中生存得最好？

这里记下的便是当时未得讲述的故事。

本书的主题是名为北美金柏的一种树，我在其魅力之中的所感，以及我如何为其所激励而开始探索那些在变化中生长繁荣的人跟植物。书中记录着我追踪北美金柏之死的努力：不仅仅为了揭示那些原始森林的未来，也是为了将适用于地球上其他地方的人们的经验教训分享出去。本书的主题是寻获信仰，不是宗教意义上的，而是针对全球问题在地方层面寻求解决方案的某种力量，这种力量令我能喜乐地活着，并在仿佛暗昧的时期着眼于最重要的事。我们若能开始着眼于地方图景、着眼于我们每日依靠自然而活的种种方式，解答便浮现出来。在阿拉斯加，我见到了这一切。

我祖父的老柯达躺在一个塑料储存盒中，已经多年未用，而我带到外岸拍摄古木的相机同它毫无相似之处。大量电子文件跟缩略图取代了胶卷和相簿。我依然关注树和景观变化，但同样地，我也有所改变。在整个人生当中，我们形成叙事，又进行改写，以理解所发生的；我们处理经验；我们随着生活的展开而阐释自己的世界观并再度阐释。我相信人之所以为人，正在于这一美好而艰难的过程。故而，虽然本书的叙事脱胎于我所做的研究，但其后数年的写作和报告也同样属于这趟旅程。我如何解释研究开始时我所得知的（和我所不知道的）跟自那以后又添加的细节，都为我今日的科学家身份所影响。我个人曾如何应对工作中出现的挑战，以及我从自己的众多访谈对象那里学到的，则引导我选择在此处呈现的至为尖锐的事件和交谈。

作家、环保主义者和历史学家华莱士·斯蒂格纳（Wallace Stegner）曾经写道："如果艺术是生活的副产品，而我相信如此，那么我想要自己的努力尽可能贴近土地跟人类经验——而我所了解的唯一一片土地就是我所居的那一片，我所能确定的唯一一份人类经验就是我自己的那一份。"[11] 往返于加州和亚历山大群岛的这些年间，科研上，我尽可能密切地关注这一变化的世界；而情感上，我关注经验所引发的斗争。我在个人生活中遭遇失去又找到前行之路，这一过程令我发现了科学之事与个人之事的相似之处。

科学事实依赖假设，像砖一样一块垒在另一块上面。但我在群岛学到的却基于一种混合，其中半是科学，半是进行这项工作的行动，也即在切身经验中尽力抵达下一个层面的理解。我们所感受跟获知的个人真实是短暂易逝的，因为我们从自己的人生中构建叙事景观，一遍一遍又一遍。这便是此刻的我，在一个某些人会认为注定将变得不宜居住的世界中[12]，寻找着抵达明天的路。这是一个驱散我个人恐惧的故事：恐惧在于一个变暖的世界在我有生之年中意味着什么。这是一个出乎意料地成为乐观主义者的故事：在正死去的森林这一背景下、在悲观主义已是惯常的一个专业中。

一些细节

这是一部非虚构作品。人物、地点和事件都是真实的，我在斯坦福大学期间于阿拉斯加西南开展的研究令我与他们结缘。人名均未改动，只是在保罗·埃农博士之后出现的每位保罗都得到了一个绰号。保罗·埃农博士就是那位将气候变化与死树联系起来的领头科学家。有些人的绰号是在我们合作期间形成的，比如保罗·"P鱼"·费舍尔（Paul "P-Fisch" Fischer）。另外一些保罗的绰号则仅仅是我写作此书时单方面发明的。森林病理学家保罗·埃农博士，野外技师保罗·费舍尔，森林生态学家保罗·阿拉巴克（Alaback）博士，植物生理学家保罗·史嘉柏（Schaberg）博士，猎熊向导保罗·约翰逊（Johnson）——在一片鲜为人知的森林中竟有这么多保罗，这几率能有多大呢？如果我管他们都叫保罗，你肯定会在一片突发的混乱之中停止阅读的。

我以年轻科学家的身份见过跟合作过的人当中，许多可能从没想过我会写出什么学术论文以外的东西，或者他们的名字连同我们的专业经验一道，会得以出版。我尽我所能地对人物、事件做了精确的呈现，基于数千页的野外笔记、记录、研究论文、邮件记录、信件和日记，其中有我自己的，也有各位野外技师的分享。科学家们经常会提前告知我研究结果，远远早于最终发表。同样地，有时我会描述他们的研究，忠于事件发生的先后而早于最终发表。有些交谈我重构自笔记和记忆，继而像记者会做的那样进行核实。有可能时，我重访当时在场的人，协调不同视角，尽力实现精确的谈话复述和事件描述。

我为博士研究所采访的45位阿拉斯加人同意参与这项科学研究，他们清楚对自己的观点的报告将是匿名的、以数据点跟摘录的形式，以及某天，可能会以书的形式得到发表——届时他们的个人特征将得到全面呈现而能够辨识。我感谢他们的信任和殷勤，也感谢他们提供这扇望向他们生活的窗。他们中有些人为我敞开了办公室，另一些为我敞开了自己家的门，令我在远地荒村得以容身。他们中有些我耐心等候数日方得一见，另一些则与我共度多日。

出于长度考虑，有时为着内容更清晰，我在直接引用谈话记录和转写时对其进行了编辑。鉴于每次正式访谈的可观长度，为着叙述而对谈话进行简缩是难以避免的。

这些访谈是在斯坦福大学伦理审查委员会（IRB）的完全认可下进行的。由该委员会负责的审查程序旨在保护各项研究中涉及人员的权利和福利。IRB的用词是"人类研究对象"，但我从没把采访过的任何人当成研究对象。我接触每一个人时，都半是作为科学家，半是作为关切的市民——在旅居中且寻求着智慧的建议，向着可能刚好针对一个邪恶的问题找到了解决之道的某人。我是否——不论在他们的话还是我的研究中——找到了应对气候变化的终极解决方案？并没有。但是我确实找到了些什么——可以帮助我们接近目标，并令我们每个人在当下更加有目的地生活的东西。

寻找金丝雀树

第一章　魂灵与墓场

头一次听说这种濒危的北美金柏（其时距科学家们首次尝试探寻其死亡缘由已近三十年）时，我在朱诺城区的"天堂咖啡馆"外，跟森林学家约翰·考维特（John Caouette）一块儿立在瓢泼大雨之中。他大红色的连帽外套滴着雨，而我俩早就湿了个透——但约翰仿佛毫不在意——比起进屋躲雨来，他对谈论森林要感兴趣得多。

"我找到了我爱的地方，"他说，"人们来来去去，但我从不把时间浪费在闲荡上——我只不过留在原地。"

约翰是南阿拉斯加首批为林业局的森林状态评估法带来改变的研究者之一。他于20世纪90年代末确定：业内用了数十年的反映林地出材的林木蓄积量这一简单指标，难以体现森林的关键特质。[1]一片由高密度的瘦小树木组成的"柴棍儿林"跟稀疏散布着巨树的自然林可能产出相同的木材量——数学上如此，但生态上看，两种情况下林木构成的不同将导致动植物群落的迥异。管理决策如果仅参考林木蓄积量，势必会忽视森林其他关键特质，而正是这些特质令鸟类、锡特卡鹿和猎食它们的不列颠哥伦比亚狼在某片原始森林里安居。

雨水在约翰的外套上汇成溪，流了下来，饱浸了他的棉质长裤，令长裤的蓝色变得更深了。街对面的船坞上，一艘游艇吐尽了裹着黄色雨衣的游客——这游艇大过我们身边的房子。

"来阿拉斯加旅行是许多人长年的梦，"他朝着那慢慢聚成一群的游客点了点头，"你知道这是哪儿吗？——这是汤加（Tongass）之心！而汤加是合众国最大的一处国家森林。"

汤加森林覆盖了亚历山大群岛 80% 的土地，总面积达 1700 万英亩 ①。阿拉斯加州府朱诺，为国家森林、冰原和大洋所包围，仅有水空两路可达；人口则在 3.1 万上下。主路之一、常被当地人直接叫"路"的，随海岸线蜿蜒 31 英里 ②，两端皆淹没于由羊齿植物、蓝莓灌丛、云杉和铁杉组成的密林中。

其时是 2010 年的 6 月下旬，我乘坐由贝灵翰（Bellingham）起航的渡轮"MV 哥伦比亚号"抵达阿拉斯加州东南——怀揣斯坦福的"探索性研究"许可，我计划用一个暑期确定我的博士论文题目。细化现有的气候预测、发觉未来气候变化中那"至关重要"的十分之一二度：我对这些不大感冒。我的许多同学切望着研究各类气候图景的长时影响，但我更关心当下——气候变化在今日的影响，而这一关心将我带入了北境。

我的父母不是科学工作者，我的亲属中间也没有第二个人拿过博士学位。我妈妈教过十年高中化学，其后转向了小学的教务工作，而她的父亲是意大利移民。当我外祖父十一岁由故乡经埃利斯岛来美国

---

① 1 英亩 =4047 平方米

② 1 英里 =1.6093 千米

时，他一句英文都不会，后来却进了耶鲁—纽黑文医院，当上了医生。外祖父在我出生前便过世了，借着母亲所讲的故事，我为自己描绘出一幅外祖父的画像——一个坚韧的、一生躬行爱邻的人。我自己的父亲是俄亥俄州一个中产之家的独生子，1963 年他从俄亥俄州大农村走进哈佛，成为了家中第一个大学生。幼时的我目睹了父亲在企业界的拼搏和其后的自立门户。父亲想要建立长远的事业，他经历过成功，也受过挫折。我们的家庭压力部分源于父亲的事业动荡。

在我们居住的东海岸社区，许多家庭都过着更优渥的生活。他们似乎有着与我父母的勤俭原则相左的价值观。六车道的大路上日日新车跐扈，我父亲却年复一年开着他钟爱的一九七九。我以为我能靠着缩减自己的欲望跟需求来帮着家庭缓解经济压力——这一暗流，我时不时痛感其存在，尤其是近些年来。我家的房子是一座1774年建的"盐屋"，也是康乃狄克—纽约州界线上最后一座房屋。我目睹了曾是我的游乐场的田园为现代化房屋所侵蚀替代。我痛切地意识到家乡正经历的发展与消费主义，而其所致的失衡后果我却还未能把握。

到上大学时，我迷上了一系列环境名著——梭罗的《瓦尔登湖》、爱德华·亚比（Edward Abbey）的《猴扳手帮》（*The Monkey Wrench Gang*）、蕾切尔·卡森的《寂静的春天》。在我看来，亚比对大坝建设的抗议、卡森叫停杀虫剂的努力都是护卫人权的斗争。如果说空气和水是人的基本需求，那么作为保障的空气和水，健康的自然生境同样也是。对我而言（即使在当时），料理人的健康跟料理环境的健康完全是一回事。我曾短暂地畅想成为祖父那样的医生，但在亚比和别的环境作者——比如特丽·T. 威廉斯——的启发下，我的目光焦点转到了美国西部。在我毕业前夕，父母结束了他们近三十五年的婚姻。他们彼此保持着亲近跟关爱——不同于旧时的另一种关系。我则向着西部进发，为一种本能的关注所指引而走入了科学——关注人之行为对自然的影响，及这影响如何以正面或负面的方式反作用于人。

约翰·考维特是我在朱诺及更往北的诸多会面者之一。我计划从群岛北行至极地，寻找某地或某个社区或某个问题——比如永久冻土融化或者海平面上升——某个可能为当下气候变化影响研究提供新视角的"什么"。但我从没想过一种柏树会成为这个"什么"。

在咖啡馆外，我的双腿渐渐变得冰凉，我能感到水正浸透我的外套袖口。

"多数科学家都是利用气候来预测树木未来的分布，"约翰说，穿着湿透运动鞋的脚微微摆动着，"而我利用树木来展示气候情况，跟他们恰好相反。"他的方法是非常规的，而与他合作的科学家对此不乏质疑，但他深信树木能揭示一些气象站难以揭示的东西。一种非常规的研究方法能从树木中发现新知识——我立即喜欢上了这个想法。

一回到咖啡馆内，我便打开黑色布面笔记本开始记录。

"阿拉斯加东南的六种主要针叶树当中，"约翰说道，"北美金柏对气候的变化是最为敏感的。但这种树相当古怪难解：为什么仅仅几英里之外的庇护岛（Shelter Island）上有北美金柏，而朱诺这边却只有零星几处？"

约翰解释道，无人确知为何它们恰好在某些地方生长，以及20

世纪 50 年代到 90 年代之间那场席卷群岛的采伐狂潮过后有多少留存下来。他称北美金柏有某种"魅力"——在亚历山大群岛、更南的温哥华以及不列颠哥伦比亚夏洛特皇后群岛，北美金柏长久以来受到当地人的崇敬。

"那纹理紧密的木材真叫美——价值极高，真的。而且跟森林中其他针叶树种比起来，北美金柏是相对罕见的。"他估计群岛的针叶树中约有 10% 是北美金柏。在有些地方，高大的雪松扎堆生长于陡峭的坡地；而曾为冰川切割的崎岖不平的地带之间的潮湿土壤中，它们在对其余的物种不甚有利的条件下茂盛生长。[2]

群岛生态系统本身已经足够令我着迷。由于大众兴趣在于赤道附近大量分布的热带雨林，海岸温带雨林常常受到忽视，它们同时也相对罕见。高雨量的大山与大洋的交会处是它们的典型分布地。沿智利南海岸也有一条狭长的温带雨林带，恰如阿拉斯加东南的镜像。此外，在塔斯马尼亚、阿根廷、新西兰、日本，还有土耳其和格鲁吉亚环抱黑海的区域，也有温带雨林分布。它们总共仅覆盖约 1% 的地球陆地表面。[3] 约翰称，地方上跟国际上对北美金柏的商业需求都很高。我的斯坦福大学研究小组的同事们关注刚果、印度尼西亚和巴西亚马孙地区受到农业发展威胁的森林，而我面对的却是另一种挑战：一种相对罕见的树，经济价值极高，位于一种相对罕见的森林中，受到一种相当不同的压力源的威胁。

"如果乘渡轮去锡特卡，你会看到沿着危险海峡（Peril Stratt）全是死树，"约翰说，"一种有相当的文化意义的树，已经被过度采伐，又有气候变化的雪上加霜，这样境况就很有意思了。"

我表示赞同。

"你得见见保罗·埃农，他在路上 ①，奥克湾的林业局。"我在笔记本上记下保罗的名字，框了个框。

"这人差不多能告诉你我们关于北美金柏所了解的全部。"他补充道。他给了我更多的名字，包括森林统计学家阿什利·斯蒂尔，另外还有十来个。由此开始了后来被我称为北美金柏圈子的名单。阿拉斯加地域辽阔，比得克萨斯、加利福尼亚跟蒙大拿加起来还要大。但人口还没有旧金山市多。如果你花上足够长的时间专注于一个话题，比如森林或渔业，你最终会结识所有与之相关的人。约翰已经做到了，最终我也会做到。

我计划向着极地继续北上的计划遭到了约翰的嘲讽。"怎么会有人想去别处呢？"我们分别前，他说，鼓励我将自己的科研注意力转到群岛。"去见见保罗吧，然后跟我说说情况如何。"

在中心公共图书馆，我上网搜索保罗·埃农博士，首先映入眼帘的是十多篇论文，标题覆盖原始森林、北美金柏、气候、雪和疾病。埃农博士是森林病理学家，也就是大树医生，擅长辨认真菌、病毒和侵害森林的其他疾病。他一生中大部分时间都花在研究北美金柏上。2006 年发表于当地报纸上的一篇文章描述了约翰提到的墓地——我要到更晚才得一见。记者伊丽莎白·布鲁明克写道："在奇恰戈夫岛和巴拉诺夫（Baranof）岛（该树种在这一'锅柄'地带的集中分

---

① "路上（Out the road）"是朱诺镇的一方言，指从奥克湾向北延伸至朱诺市中心约 45 英里（约 72 千米），直到"路"在回声坞（Echo Cove）中断处。——译者注

布区），沿着岸线，死去的北美金柏那光秃的灰色主干如枯骨般支棱。类似的死树斑块在不列颠哥伦比亚也有发现。"[4] 布鲁明克报道称林业局的研究人员标绘的死树区域大约有 50 万英亩（约 2023 平方千米），而他们收集的资料表明气候变化是元凶。其时，埃农和他的团队正在分析一些新数据，可能将证明雪量减少是树木死亡的一大主因。

给埃农博士发问询时，我字斟句酌、精心措辞。花了极长时间纠结我向他呈现的第一印象后，我终于点击了"发送"，祈祷着能有回音，不论是什么样的。回音几分钟后便来了——简短的、非正式的热情回复："星期四（明天）对我来说不错。比星期五好……所以欢迎你来！"

我仍然不清楚自己在追寻什么，以及为何追寻。

从朱诺镇区到奥克湾，沿着海岸直行的八英里路上，左手边是加斯丁诺海峡，远处是道格拉斯岛，右手边是开阔的山谷，而山脊线一直延伸到汤加的森林和岩壁。星期四的早晨，西风平稳，低垂的灰云之下，海峡涌起白色碎浪。向西可以隐约看到奇尔卡特山脉破雾而出，陡峭的山峰在粉色柔光下熠熠生辉。

进了一栋铁丝网护卫的水泥建筑，森林服务局太平洋西北研究站（PNW）的一位接待员让我签上名，填上埃农博士的名字，又附上我的到访时间，然后领我来到了他的办公室。

保罗坐在一张很有分量的硬木桌后面，正凝视着电脑屏幕。他有着深褐色的头发，山羊胡修剪得很整齐。房间尽头的角落放着一顶明黄色的安全帽，还有一堆装备：卷尺、GPS 导航装置跟一把手斧。墙上是一排排有褐色跟绿色书脊的书。房间闻上去像老图书馆里新砍来的一株圣诞树。

"这么说来，约翰·考维特叫你考虑起北美金柏来了，"他说着，转向我，"而从你的邮件看来，你在寻找研究题目。"

保罗说，在森林局工作的数十年中，他很少有机会与年轻科学家合作。指导年轻学生的科研是他想做却一直没机会做的一件事。

"根据我的个人经验，可以告诉你的是，你现在做的选择将决定你未来四年、五年甚至更长时间的研究主题。我也经历过你现在的阶段，那是 1981 年的事了，当时这边一位森林病理学家建议我寻找北美金柏的死因。"他咬了一口三明治，微微一笑，接着说道："现在，经过差不多 30 年的工作，我们即将有综合性的结论发表。"[5]

"雪，"我说，"气候变化，我昨天在图书馆读了些你的研究。"

"没错，"保罗表示赞同。"过程比较复杂，有许多因素，不过气候变化在其中所起的作用很关键。"

保罗向我讲述了他与佛蒙特州的一位植物生理学家保罗·史嘉柏博士（保罗 2 号登场）进行的研究。正是这一研究带来了关于北美金柏死亡的那项"陈词滥调的确凿证据"。他们将幼苗置于骤寒中，使用珍珠岩作为隔热物，来测试积雪如何保护其根部免受突然温度波动的影响。他们让北美金柏的细根经受零下 5 度的温降，发现其根部的反应与群岛森林中的其他任何树种都不同：北美金柏的根死了。雪充当着隔热层——一层对树木的存活至关重要的棉被。[6]积雪的减少令北美金柏变得脆弱。

"这有点反直觉，"我说。"在全球变暖的同时被冻死，当根冻死时树也面临死亡对吗？"

"阿拉斯加东南这里是一道环境门槛，"保罗解释道。"冬季常在雨雪之间波动。随着全球升温，降水里的雨变多，雪变少，但春季骤寒现象依然存在。"失去了保护根部的雪被，树难以抵御骤寒。保罗咯咯笑着，称他们所进行的三段式研究为"史嘉柏三部曲"，仿佛表示他们像科幻小说解谜般确认了元凶。

接着，话题从实验室转到景观，他谈起如何在靠近锡特卡的休眠火山埃奇库姆（Edgecumbe）上标绘北美金柏的存活情况。火山挺拔的锥状为研究北美金柏死亡区域相对雪线的位置提供了绝佳的场所。他发现树木死亡现象集中于低海拔处，那里曾经的降雪现在成了降雨。

为什么比起别的树种，北美金柏对气候变化更易感？保罗回答说，这可能部分源于此树首次出现在这片土地上时的寒冷气候。

"我们认为，在大约结束于1.2万年前的最后一个大冰期中，北美金柏靠着植物避难所（glacial refugia）而存活下来。继而，它们在随后凉爽、潮湿的条件下繁荣生长。在更晚近的小冰期（距今只有几百年，当时气温再度下降），北美金柏扩张到了沿岸有积雪的土地。"[7]

"那些积雪正在消失的低纬度地带就是它们的死亡地带。"我确认道。保罗点了点头。

为了省去他进一步的解释，我记下一些细节以备之后查询。数亿年来，森林一直在适应气候变化，而无关乎我们今日所知的人类活动导致的气候"变化"。因而自然的和科学家称为"人为（anthropogenic）"的因素可能发生混淆。历史上的气候从来不是稳定的；它受到一系列复杂因素的影响，包括板块构造、地球相对太阳朝向的不断变化，甚至撞击地球的小行星。在升温与降温之间，有些物种得以进化，而另一些灭绝了。树追寻着更凉爽的气候，沿山坡上行，继而又下行。[8]冰川前进时，个体在无冰的小区域——也就是保罗提到的避难所——存活下来，成为动荡生态系统中的幸存者。待到冰川退后，它们缓慢扩张，最大限度地利用新露出的栖息地。

从数万年、数十万年到数亿年，我们在时间中上溯得越远，所能确知的也越少。但在百年或千年这个量级上，今天尚存最古老的一些北美金柏的生存环境与它们在生命之初的环境已经毫无共同之处。

保罗解释说："它们的死也与脱抗性锻炼（dehardening）有关，在有寒冷季节的地区，这是树木每个春季在回温时都会经历的过程。为了过冬，树会产生一种溶质，保护根部不受冻害——跟汽车防冻剂一样。随着春季回温越来越早，树也过早地排干防冻剂。没有了防冻剂，又缺少保温层，在从不列颠哥伦比亚的高气压系统中逃逸的严峻骤寒面前，它们极度脆弱。"

"多数科学家仍在尝试理解气候变化如何影响各物种，"我说，"而两者的联系在你这里已经得到确认了。"

有那么一会儿，保罗避开了我的目光，在椅子里动了动身子。"这是团队的劳动成果，我们要了解的还有很多。"

他从桌后站起身来，走到用透明胶带贴在文件柜侧面的一张地图前。图上区域的纬度线标记着数字 55、56、57 和 58。在南北短短 300 英里（约 483 千米）间，长度将近 20,000 英里（约 32,187 千米）的锯齿状海岸线包围着诸岛，但在地图上群岛被简化成峡湾密布的大片陆地。在保罗的地图上，整个区域叠加有方格网，沿岸和内陆则散

寻找金丝雀树

布着小点。

"每个点都代表我们收集树叶样本的一处采样点，"保罗说道。"我们用霰弹枪射击高处的枝干，直到有活树的小枝掉下来。很难将北美金柏的花粉同杜松和西部红松区分开来，所以我们靠基因来研究这种树自上个冰期以来的迁移。用卫星影像来确认北美金柏树的方法我们也仍在尝试寻找，这将让我们真正能对它们的存留情况作出评价。"

保罗的想法完全无法激起我的兴趣。不论是朝树枝发射霰弹，还是花费数年时间盯着屏幕上像素化的森林，或是坐在实验室戴着橡胶手套和护目镜用移液管处理样本，都令我难以想象。这全部都像在着火的罗马城前拉小提琴——在我们这个缓慢但确切燃烧着的世界中闲耍——同时另外一些科学问题却可能指向解答。

保罗回到电脑前，查找了一通，接着打开了一系列死树图片。

"这些森林会怎么样？"我问。

"我们不知道，光找到它们的死因就花了这么长时间，这是科学的首要关注点。"他微微一笑，"我喜欢你的想法。"

离开之前，保罗送我出来，绕到建筑背面。那里有一排黑色塑料花盆，里面栽着小树苗，有些还不到一英尺高，另一些则开始大到几乎难以被囚禁在盆中了。种子来自群岛各处。保罗和同事们之后将把它们移栽到各地，观察不同基因的个体是否能抵御冰冻。

我顺着直线走到最后一盆，停下脚步，伸出手去触摸到树苗的嫩枝。树叶近看是鳞状的，然而十分柔软，在我手心展开。

我深吸了一口北美金柏的甜美气息。

这树能教给我们些什么？我自问道。

北美金柏枝叶

寻找金丝雀树

第二章　伫立

为着我偶遇的首个想法而中止在加州进行的全部探索性研究计划显得很草率，所以我并没有这么做。我安排了与政府官员、渔业和水资源机构的资源管理人员以及科学家谈话，后者的研究涵盖各种在最近的气候影响状态评估中得到强调的问题，比如森林大火和永久冻土融化。[1]

离开朱诺前，我从会面中空出一天来，在当地的生物限时寻活动（BioBlitz）当了一次志愿者，"生物限时寻"是一个调查某个确定区域的植物、鸟类、昆虫和其他物种的社区项目。我在那里认识了乔纳森。他是个鸟类生态学家，高高的个头，很友好，还会弹班卓琴。跟我一样，他也在朱诺和加州湾区两头跑。我很快爱上了他。

在我跟保罗和约翰见面之后的几周里，只有一半的会谈我能到场——原因不是乔纳森，而是北美金柏。极地冻土中储存着数量巨大的碳，变暖给这些碳造成的变化对当下和未来的气候模式如何影响至关重要。[2] 作为一个对气候变化感兴趣的年轻科学家，在极地开展研究大概是再迷人不过的。但无论多么努力，我仍然无法对研究鱼类随着水温变化出现在新的河道，或者土著狩猎场追随野生动物寻求更适合的栖息地而变动，甚或人类社群面临海水淹没的危险而沿着岸线北移之类提起兴趣。

甚至当我在安克雷奇和费尔班克斯跟研究"燃尽"森林的科学家，以及在更北的博福特海边跟研究冻土融化造成的甲烷泄漏的生态学家交谈时，我的心仍然紧系于千里之外的那棵柏树。这种对其他课题的开放状态持续到八月的某一天，我不再强迫自己，任凭全部注意力回到群岛。我也停止尝试理清为何这些濒死的树如此吸引我，而是接受了事实就是如此。

我所接受的训练使得我开始就研究问题进行头脑风暴。阿拉斯加东南的森林在历史上经历过怎样的变化，其中的群落是如何适应气候的？还在费尔班克斯时，我会在午夜醒来，因为包在头上用来遮挡午夜阳光的 T 恤衫无可避免地滑落了。我起身写字，将我的兴趣和直觉翻译成科学问题需要时间。"这些墓地有多大？"是关切的市民会提出的问题，科学家却会问："森林死亡的空间范围是什么样？"我想了解在死树的树梢和周围探头的新绿，但生态学家会这样写："物种构成是如何变化的？"关切的市民会问："这种树的消亡会影响到人吗？"而跨学科学者却会问："面对变化的生态动力学系统，人们有何反应？"一项研究的初始阶段开始在我头脑中成形：变化的生存环境在各个时期影响过群岛多处的北美金柏林分。通过将数十年前受影响的和更晚近经历大面积死亡的森林，甚至是和仍然未受影响的森林进行比较，我能发现些什么？我是否会找到另一些物种？它们意外登场，要取代北美金柏或者一个正在瓦解的森林群落。

我急着去朱诺开展进一步研究，于是又一次联系了保罗。

"我通读了网上能找到的全部信息，"我写道，"我好奇有没有人在研究不同时期各死亡林分的物种构成。我在想能怎么切入……对一些不同时期的死亡林分进行观察，我现在还卡在这个想法上。"

保罗写东西不断句，几乎不加标点，但我喜欢他那随性、自信的风格。"林分构成变化，或者说植被演替，"他说，"是我们北美金柏衰亡研究项目的亟需领域，我们借此可以预测衰亡林分下一步会发生什么。"他说，环境条件发挥作用需要一定的时间。保罗提出我可以使用朱诺的实验室，他会帮我安排后勤（他肯定地说"这可是件大事"），还会为我提供野外协助跟一般性的向导。我很受鼓舞。

在我的理解中，保罗所使用的"演替"一词是生态学最早的一批概念之一。念书的时候，我就读到过美国植物学家亨利·钱德勒·考威尔（Henry Chandler Cowell）的实验资料，在1899年的一篇论文中，他描述了沙丘上的植物演替。[3] 演替的中心思想是在发生扰动或出现新的栖息地后，一个生态群落将循着某种可预测的路径发展。冰川后退，森林便形成；大火过后，森林就复生。发生塌方或熔岩流后，植物扩张至新的土地。那之后，经过对这一路径的多方讨论，生态学家得出结论，认为这是一种过度简化，我们今天知道实际上这一动态过程复杂得多。[4] 但在保罗那里，这一生态学术语是指我提出的问题——在北美金柏树死后，森林会怎样？

我取消了一些会面，另外又安排了一些。那个夏天剩下的时间里的一切计划都进行了调整，为着而且仅仅为着北美金柏。

在阿拉斯加大学费尔班克斯分校的一间宿舍里，我研究起约翰·考埃特给我的名单里剩下的那些人名来。我上网查找各人的简历和背景，又给其中一些发了电子邮件。我追踪论文跟新闻报道，靠着步行和公交车来到镇上，最终搭上了南下安克雷奇的火车。我需要对其他人就北美金柏在研究些什么有个概念，也需要了解暗示着这一物种的潜在失落的诸多迹象是否真像保罗和约翰所认为的那么紧迫。只要是与群岛的雪、气候或者树相关的人，我都尽我所能地展开追踪。我查找相关的数据集，但一无所获。越来越明确的是：我得亲自去接触这些树。我不能像斯坦福的许多同事一样依靠现有数据。至于究竟得去哪儿才能搞到数据，我依然一头雾水，但我写邮件给保罗，告诉他说我已经"卖给北美金柏了"。

　　我将自己关于北美金柏的全部了解和全部问题写成五页纸的备忘，分别寄给我在斯坦福的指导教授和保罗。我是按照所接受的训练来写的，按背景、目的、方法、选址和时间计划的结构分成简洁的几段。具体该用什么方法我还不知道，我便代之以多种看似可行的途径，认为最终真正可用的只会是其中少数几种。我另写了一份用于申请经费。继而就我尚不十分了解、需要进一步学习的课题列出了一张长清单。虽然斯坦福的生态学项目相当不错，但研究生的学习模式更多在于导师指导而非学期课程，关于野外方法的课程几乎空白。我申请去加州大学伯克利分校学习林业项目课程，并得到了批准。我买好了去朱诺再回加州的往返票。

　　回到朱诺的奥克湾办公室，保罗递给我一张从谷歌地球上打印的地图，上面是群岛的外岸。我的目光落在标记着奇恰戈夫岛的一片像

　　　　　　　　　　　　　　　　　　　　寻找金丝雀树

素化了的土地和一处向北延伸的陆地上。内陆地区覆盖着白色，冰原和冰川曾延伸至海湾。从纸的一边到另一边，一个狭长的黄色线框框出了弯曲的海岸线。保罗说，他一直在考虑我关于研究不同时间点上森林死亡情况的想法。

"这里，在斯洛科姆臂根上，"保罗说着，指向一处牛仔靴形状的水湾，"我们标绘到死亡较长时间的森林。今年春天——我之前跟你提到过这趟考察——我们还标绘到更北的一些表现出受胁迫的树。"他的手指从斯洛科姆臂上行，划过黄色线框内的海岸。"这些地方。有些树刚死不久，有些正在死去。"

"在扩张吗？再往北呢？"我问道。

"冰川湾国家公园和自然保护区有北美金柏，"保罗说着，指向地图顶端与冰原交界的绿色海岸线。"我们还不确知有多少。公园里边还没人做过北美金柏的标绘或者数量估测工作。但据我们所知那里有北美金柏，而且还活着。"

"这可相当偏远，"我说，"人迹罕至。"

"大路小路都没有。可能也没有歇脚的地方。开矿的有留下过一座旧木屋，但老早就塌了。去斯洛科姆臂只能靠船或飞机，而且也不是哪天都能去，得老天肯帮忙才行。"

我说："在奇恰戈夫我可以选点观察不同时期死亡的树，在国家公园内则可以选点观察仍然健康的树，然后进行比较。"

"没错。我想着在黄色线框处来个横切——外岸横断面。"横断面是一片人为选择的土地，一条体系化的、横跨栖息地的线，目的是将研究限定在特定领域。

"年代序列。"我说。

他点点头。

年代序列本质上是以空间换时间。以空间换时间跟就时间论时间的差别就像比较少年人和老年人跟数十年追踪同一个体的差别。[5] 使用年代序列方法的科学家并不研究单独一片树林在长时期内如何变化，而是选择一系列地方，它们在许多方面相似，但自某个给定现象发生后的历时不同。历时的起点可能是某次火山喷发或冰川后退，也可能是风动形成沙丘——像亨利·考威尔研究中一样。对我来说，年代序列则在于森林失去积雪导致发生树木因骤寒死亡后过去了多久。

"最近的镇子是锡特卡和古斯塔夫斯（Gustavus）。"我开始往前计划。"我需要一个大本营来补货、回血跟放装备什么的。"

"外岸的野外条件会相当严峻，"保罗说，"不过这个我们迟些再研究。"

他介绍我认识了格雷格·史翠夫勒，这个名字已经出现过多次了。在往返于费尔班克斯和朱诺的日子里，我每划掉一个名字，就另外添上三到四个，直到最终稳定在几个不断出现的名字上面。我最初听说史翠夫勒是从多年前最初雇用约翰做林业研究的保罗·阿拉巴克博士那里。听到阿拉巴克博士描述此人关于群岛森林、地质和历史的广博知识，我在他的名字四周画了一圈星星。保罗说史翠夫勒会知道国家公园北美金柏的情况，也会判断在海岸开展野外研究后勤上是否可行。看来在回到加州的六车道公路之前，我还得再做最后一次旅行。我和乔纳森远足了几次，还吃到了新鲜鲑鱼。我们在朱诺的分别是暂时的，

寻找金丝雀树

在南面的加州我们会再见。

　　在古斯塔夫斯，穿过镇区连接到简易机场的是一条没有清晰车道的主路，镇区其实只是个交叉路口，名叫四角地。主路途径掩藏于云杉树间的民房，通向冰川湾国家公园和自然保护区：这是世界最大的保护区域之一，所属的世界遗产面积达 2500 万英亩（约 10 万平方千米）。跟朱诺镇上的"路"不同，"古斯"的"路"穿越一片狭长的平地，沿途是开阔的野地和幼龄林。我从路上步行来到格雷格·史翠夫勒建在新生地面上的家，仅仅几个世纪之前这里还是海。古斯塔夫斯的陆地在上升，这已经持续有段时间了；随着冰川后退，冰的重量减少带来大地"回弹"，就像当保龄球滚过，床的柔软表面渐次回弹一般。[6]

　　格雷格说冬天他会在家劈柴，顺着斧头的回音，我在远离大路的一条碎石路上找到了他。他正在一座棚子跟前有节奏地挥着斧子。他头发花白，皮肤饱经风霜，但身体依然强健有力。他穿着羊毛背带裤，上身是一件衬衫。我有些紧张，不知道接着会如何发展。而眼前这个人——他对这片土地的深入认识明显受到如此多科学家的尊敬——将告诉我科学无法给我全部答案，还将成为我生命中最重要的导师之一，这当然是我尚未料到的。

　　当望见我走近，格雷格放下斧子，往柴堆上又添了几块木柴。他没有费事做自我介绍；仿佛也不需要再用言语确认我就是电话里的劳伦。他把右手在自己的裤子上擦了擦，伸过来同我紧紧地握了握。

　　"我给你找点儿什么干净的东西来坐。"他说着，钻进棚子四下翻找起来。

"噢，不用！"我说道，不想添麻烦。我穿着脏牛仔裤和橡胶靴，过去的一整个夏天，我都是这么穿的。

"噢，至少开头得这样吧。"他答道，带着个五加仑的水桶钻了出来。水桶边裂了一道缝。他拂掉桶底的灰，把它倒扣在刚刚用来劈柴的铁杉树墩边。格雷格在树墩上坐下来，示意我坐到桶上。

"你现在坐的地方几百年前还是泥塘、沼泽地。"他说。在我们简短的通话中，我没有告诉他太多，主要说了说我是斯坦福大学的研究生，之前联系过保罗·埃农博士，以及我对研究在北美金柏树死后会发生什么很感兴趣，而这一问题所指向的景观他显然相当熟悉。而格雷格已经靠着这些有限的信息订好了计划，我坐在桶上，感觉自己像一个学生跟研究对象的古怪混合体。他和我提到他熟知的外岸地方：邓达斯湾（Dundas Bay）、利图亚湾（Lituya Bay）、格雷夫斯港（Graves Harbor），还有艾西湾（Icy Bay）附近的其他避难所。我记下了这些名字——这次不是人名，而是地名：格雷格见过北美金柏生长的地方，曾经冰封的地方，上个冰期结束后树木所存活的小片栖息地。跟约翰和我迄今为止见过的每一个人一样，格雷格也表示这一树种为何在某些地方而不是另一些地方繁衍是个谜。他称这些壮美的北美金柏的分布是"神秘的"。

我瞅准机会插问他的背景。他第一次来阿拉斯加的时候还是个大学生，为大学博物馆派遣到阿留申群岛工作。后来他留在威斯康星大学麦迪逊分校攻读生物学硕士学位，辅修地质学，同时在阿拉斯加进行自己的项目。格雷格说，他已决定专攻地理以便进行局部概括。在数十年的各类研究中，他一直尝试尽可能将所有学科应用于"把握一处景观"。

"某些时刻，"格雷格说，"我觉得科学对某些人而言已经成为一种消遣。人们需要形成有意义的问题，获取对一个地方较长历史的认识和理解。而我重点考虑的是意义的问题。"

他转而问起我来：我是在哪儿长大的，我怎么去了斯坦福，以及我是否真的相信凭着龟速进展的科学人们可以与环境的飞速改变抗争。数十年的研究令他得出结论：归根到底，对某个地方的投入比他的任何"科学"发现都更有价值。在某个地方投入地生活跟观察将会带来独有的发现。

"你的问题——这些树死后会发生什么，"他说，"这些树死了又怎么样呢？即使你能回答又怎么样呢？继续下一个项目吗？科学家一次又一次地证明着他们这一卓越的能力：观测一个物种，直到其灭绝。"

我心里不是滋味，感到在受逼问、受判断，但我控制住自己，继续坐在水桶上。

"科学对我绝不是游戏或者消遣，"我说，"我向你保证，我们都在寻找意义。"我在"意义"这一跟他重合的地方停顿了一下。"我觉得当前的发展轨迹不是我们能遏制的，"我继续道。"而如果变暖势不可挡，我想知道接下一棒的会是哪些物种，又会形成什么样的群落。还有，老实说，我自己又该如何应对出现在生命里的这个巨大的问题。"

"看来北美金柏是你的缪斯了。"他不依不饶。

"不，"我反驳道，"我想它会是望向我们未来的一扇窗。"

我深吸一口气，对自己的清晰感到惊讶。格雷格微微一笑，他在树墩上的紧张坐姿稍稍放松了些。

"世界奖赏零碎的知识，"他说，"而找到某个地方潜下去，关注它的一切，这要难得多，因为是逆风行船。这世界需要更多有根的人、有觉悟去花时间理解某个地方的人。要抵挡住零碎化的诱惑需要觉悟。"他给了我几分钟消化这句话，然后继续道：

"如果你选择专注于这里，投入足够长的时间来回答你提出的问题，那么我将尽我所能地为你提供帮助。但你得明白：除非停步伫立，否则你无法了解一个地方。你不能只是飞来拍张照，你需要的是电影式的影像。即便作为科学家，要理解那些难以测量的事物，仍然得靠对一个地方的深入认识跟对变化的长期观察。"

我感到他这样同时质疑我的正直和真诚几乎快逼得我和他决斗了，然而走在回四角地的路上，我却意识到自己早就单方面加入了这场决斗。观测一个活物种直到其灭绝，把这写成论文在期刊上发表，接着开始下一项研究——我不想成为这样一个生态学家。我不想靠着分析巨量数字来呈现一个植物和人的"系统"，却永远没能真正接触到那些植物、那些人。我要到更晚才会明白这些想法——对地方的投入以及在地的观察——对我的重要性。

伫立与熟知某地——其中的价值最终将引领我敲开群岛上陌生人的家门，听他们讲述和树的密切关系。在外岸的年代序列中，我将观察到变化如何在时间中展开。而面对我们今天关于全球变暖的全部知识，当我努力想弄明白哪些行动最为重要时，零碎化跟伫立之间的矛

寻找金丝雀树

盾仍然带给我折磨。

在返回朱诺的二十分钟飞行时间里，我望着古斯塔夫的浅滩地消失于厚厚的云层下。当塞斯纳穿过灰云降落时，多沙的外洗平原渐渐过渡为紧邻大洋的群峰。顺着平行于海峡的"路"，从我的记忆中浮现出一系列相片。黑白四格的相片上像一匹飞奔的骏马，第一张上马单蹄落地，第二张四蹄腾空。这是一个名叫埃德沃德·迈布里奇（Eadweard Muybridge）的人 1878 年在斯坦福的帕洛阿尔托（Palo Alto）牧场（现为斯坦福大学的校园）拍摄的。他受雇于加州前州长利兰·斯坦福，解决关于马在奔跑中是否会四蹄同时腾空的争论。这组相片在今天被广泛复制，其最为人所知的是作为动画投影的先驱。能让迈布里奇找到答案的唯一方法就是从多个视角捕捉同一现象，以静止图片反映运动和变化。带着脑中的奔马图景，飞过青葱的、一度为冰川所覆盖的大地，我想象自己的年代

濒死的北美金柏

序列也是时间中的一系列快照。对其的整体观察可能将揭露一个原本无从捉摸的未来。这一年代序列将会是我的电影式影像，是我对下一步会发生什么的回答。马会四蹄腾空吗？气候变化会永远地改变这些森林吗？我要做的只是找到在外岸，建立我的年代序列的方法。

第三章　气候变化中的森林与恐惧

告别格雷格在古斯塔夫的小木棚几天后，我回到伯克利。穿梭在城市街道的人群之间，尚不适应酷热的我汗如雨下。鸣响的汽车喇叭、聒噪的街头艺人、轰鸣的地下铁——在荒野的寂静中度过一个夏天之后，城市的喧嚣令我吓了一跳。盯着川流不息的车辆，我在思考一个地方的尾气排放将影响到多少别的地方。我因此刻徒步而感到宽慰，又为南下的飞行而感到愧疚。我一只手紧攥着一张皱巴巴的加州大学伯克利分校地图，尽力不露出一副不知道自己正往哪去的样子。马尔福德厅的走廊排满了树种样本。整栋建筑闻上去像桉树的味道，门厅一角是一段巨大的红杉横切木。

北美红杉，我心想。是同一科——柏科，北美金柏的亲戚。

我用手指划过红杉的切面——切面上着清漆，经过了许多人的触摸。我俯身靠近，把大拇指贴近树心，开始数从我指甲尖到指根之间有多少圈年轮——数下来将近 40 圈。接着我大大地张开双臂，臂展接近 6 英尺 [①]，同它的直径差不多。

[①] 1 英尺 =0.3048 米

"伐木工让我们失去了这些巨树。"我扯了扯上衣，避免它因酷热而黏在身上。"是否气候变化也会伤害树木？"

每一物种都存在一个气候临界值，越过这个点，环境就不再适宜其生存。听说过北美金柏之后，我开始留心身边的其他物种，琢磨它们的临界值会在哪里，而我们是否也会任自己抵达这个点。

在 132 房间，一个有着一对湛蓝的眼睛和凌乱的长金发、戴着银鼻环的女孩坐到了我身边的位置上。她的裤腰上挂着一串钥匙，碰着椅子哗哗作响。她草草翻阅着笔记本时，一些线条图一闪而过。她摘掉记号笔的笔帽，开始给一幅三角镶嵌画上色。我们周围的座位渐渐坐满了学生。

"我猜我记错时间了。"我说。

"伯克利 10 分！"她大声说道，抬起头来。

"伯克利 10 分？"

"没错，就是不晚 10 分钟是不会'真真正正'开始上课的。所以要晚到 10 分钟，你知道吧？"她继续埋头填起色来。

"呃，好吧，我不知道，"我回答道。"我只是来这里交换一个季度的。"

"从哪儿？"她用食指轻触笔身，让它绕着大拇指转过一整圈，回到原位。

"斯坦福。"

"噢噢噢，那可以理解，"她说，"嗯哼。"

我在座位上换了个姿势。"是啊，在那边的会面会约到几点过 7 分这种时间。而如果你不早到 10 分钟，去等一个可能晚到 10 分钟的人，很可能你又会有三个月没法见到他，"我说，"所以我想着我今天得来早点。"

她大笑起来，朝我伸出一只沾了墨水的手。

"我叫凯特，凯特·卡希尔（Kate Cahill）。"

"乜铎（Maddog），其实是，"坐在她旁边位置上的大胡子男生接话道。"我们叫她乜铎。"我本想要继续打听下去，继而作罢了。

一个穿着标准林务员服装（蓝色格子衫和蓝色牛仔裤）的人走进了教室，纸和背包的沙沙声停住了。他戴着细框眼镜，微笑着，露出相当明显的酒窝。

"欢迎各位选修应用森林生态学。"他说。他在黑板上写下自己的电子邮箱和办公室房间号，旁边是他的大名：凯文·奥哈拉（Kevin O'Hara）。

我还在阿拉斯加时，就同凯文有过邮件往来。在申请选修他的课程之前，我已经做足了功课。他的专长是森林管理跟林分动力学——这一科学术语是指对森林生长模式和其影响过程的研究，影响过程包括物种之间的相互作用和对火灾等扰动的反应。我希望他的课能帮助我建立起对森林发展的充分理解，并最终学到足够多的野外研究方法，从中选择我适用的，以实现围绕北美金柏之死而构思的年代序列。

凯特从流通书架上取下一本课程大纲递给我，我浏览着主题清单，搜索我需要的。《森林再生》——需要，《再生生态学》——需要，《育苗》《林分密度》《混合树种林分》——需要，需要，需要。《同龄林分》——不大需要。

与上课不同，下课是准时的。凯文站在门边，一个一个地招呼出教室的学生。

他也同样截住我，表示任何时候他都乐意为我的研究提供帮助。

"随时欢迎。"他说。

到了门厅，我终于开口问凯特："所以乜铎是怎么回事？"她红了脸。

"这个啊，凯特是这边林业俱乐部的副主席，"她的朋友回答道。"每年我们都有圣诞节伐木活动。这本来只是为慈善筹款，但凯特是只乜——铎，她就跟个操练教官一样逼大家干活。"

"树多钱多，"凯特回击道，"我喜欢效率！"

"我也一样。"我说。凯特已经是林务工作营的熟手——林务工作营是在西内华达山脉开展的一项高强度暑期课程。以后我还将发现"乜铎"的名声不仅仅源于圣诞伐木——凯特在野外工作麻利而勤奋，完成的测量无懈可击。

我仍然没打开过取回的箱子，离研究计划开始至少还有六个月。研究还没获得任何资助。测量森林树木的经验为零。对我需要何种装备一无所知：飞行艇有什么重量限制，什么样的温度感应器能承受群岛的严峻气候，而它们的电池又能撑多久，以及测量森林的光照和林冠量又有哪些方法。

但我已经关注起她来——一个野外助理的绝佳人选。我需要一个研究技术团队来推进在外岸的工作，而勇气与毅力将是首要条件。

在几个月的课程间，我一项不落地通读了凯文布置的阅读作业，还加上了更多我自己选择的内容。我浏览了使用历史数据集评估时间中的变化的研究资料，继而搜寻另一些使用年代序列方法的。我需要认识这一方法的优缺点和局限性，以确证这是科学上的最优选择——事实确实如此。

打开行李箱后，我将自己的小说和纪实文学摆到书架上，从此再没有碰过。我开始了一项严格的期刊论文阅读计划——第一步是遍阅我能找到的关于亚历山大群岛及其森林的全部内容；接下来寻找关于气候变化对其他树种影响的研究。大约仲秋时候，我在一堆文献中遇到一篇关于科学家重访亨利·大卫·梭罗（Henry David Thoreau, 1817—1862）日记地的研究。

我知道梭罗是因为《瓦尔登湖》，他在书中对自己在麻省康科德边的瓦尔登湖畔度过的两年两个月又两天进行了诗意的记录。出版于1854年的《瓦尔登湖》位列我大学时阅读的首批美国经典文学之中。尽管此书获誉无数，我却相当晚才读到它，但作者关于简单生活与自然之美的静谧而引人入胜的冥想从此印在了我心中。我在20多岁时并未意识到这一点，直到北美金柏让我开始求索。然而，关于人类与自然关系的玄思并非梭罗遗产的全部。

1856年，梭罗在日记中提到他开始"观察植物什么时候开始开花长叶"，而且观察在"早上晚上，远处近处，连续好几年，在镇上各地跟邻近的镇子"持续进行。[1] 在差不多150年后，科学家理查德·普里马克（Richard Primack）博士开始在这一区域收集数据，与梭罗的记录进行比较，并通过研究证明梭罗对植物的记录比之他所发表的文章毫不逊色。跟我考虑在外岸进行的年代序列这一"以空间换时间"的方法不同，普里马克的"就时间论时间"，回到了梭罗的乡村景观中。

康科德和一个半世纪前大体一样，只不过平均温度升高了 2 摄氏度。[2] 普里马克和同事亚伯拉罕·米勒·拉辛（Abraham Miller Rushing）搜集整理了数百种物种的信息，以复现梭罗的观察。他们的发现揭示了气候变化带来的一系列后果。他们记录到在开花时间和冬季及春季逐渐升高的温度之间存在着密切联系。比起梭罗当年来，有些植物开花更早了。然而，当地的兰科、蔷薇属、毛茛属和堇菜属植物对温度变化的反应却不是花期提前，而是数量减少。还有一些物种消失了。[3] 在《史密森尼》杂志（Smithsonian）的一篇文章中，记者米歇尔·尼胡伊斯（Michelle Nijhuis）写道："甚至在康科德这样传说级别的美国景观中，全球变暖也在扰乱自然世界。"她引用米勒·拉辛博士的话说道："既然人们在变化面前会有所反应，那么物种面对变化又会如何反应呢？"[4]

"任何物种存活都存在一个门槛。"这开始成为我脑中的一句祷词。在一片本已相对罕见的森林中，北美金柏又是一种相对罕见的树，但我发现气候变化对其影响却并非特例。自然我也关心树木，关心其他植物还有动物，但这一发现也令我更多地想到人——我们的门槛又在哪里？我们的未来又会如何？

我上课的同时，保罗·埃农和一位测绘专家赶在黑暗来临之前——在冰雹雨雪的恶劣天气令航空调查变得不可能之前——飞去了外岸。他确认了一大片受到死亡影响已有数十年的森林——"死亡最早出现在南端，而往北渐次更近，"他在邮件中写道。具体距离他不能确定。

寻找金丝雀树

我在谷歌地图上快速估算了一下。直线距离有 60 英里，如果要顺着蜿蜒的海岸线追踪还会长得多。

"也没有太太太……离谱，"我想，"乘着因纽特人的小艇大概能做到。"

他补充道（仍然很少加标点）："我想其中的关键是这可能代表了一种扩张模式。"他确认在更北处似乎有尚未受到影响的北美金柏树林。

那么这就是了——我的研究区域有了。去斯洛科姆臂和奇恰戈夫岛研究死亡已久跟正在死亡的树，然后北上冰川湾国家公园和自然保护区研究健康林分。

迈布里奇在 1878 年使用不同位置的相机捕捉过奔马在时间中的一系列形象。同样，考威尔在世纪之交研究过风塑沙丘在不同阶段的演变。我将会集中观察北美金柏和其周围的植物群落，这些树将成为我回答以下问题的切入点：有什么还活着，有什么已死去？在哪里、何时发生？（可能还有）为何发生？

2010 年 10 月 12 日，我打电话给约翰·考维特，想约他谈谈海岸树木的死亡模式，还有我仍在考虑的去海岸的计划。提示音后，我留下一条消息。我想要同他讨论几个地点：斯洛科姆臂、奇恰戈夫岛，还有冰川湾国家公园和自然保护区的外岸。就我所选择的这一横断面，我们已经进行过邮件交流，他说这是个"好主意"，但是"地方很难接近"。

约翰没有回我电话。第二天一早，我的手机显示有一连串来自阿拉斯加的未接来电——来自我在他的建议下见过的人——从天堂咖啡馆的那张名单开始，与北美金柏相关的圈子不断扩大着。有些人留了语音消息："请回电话。"多数却没有。他们都带来同一个噩耗：约翰在明尼苏达州的一条路上发生意外过世了。这一悲剧之突然令我深深震惊，想到他的家人、朋友永失挚爱则令我极度悲痛。悲伤在短信与通话间愈聚愈多，我唯一能确定的是，他在世时在我生命中播下了种子。我会浇灌它，会见证它成长，我会走到底。

"而我利用树木来展示气候情况。"我回想起那天在雨中约翰这么说。在他过世那天，我也开始相信树木所能揭示的比气象站多得多。

加利福尼亚由秋而冬，又转眼开春，我的日子却在单调乏味与精神耗竭之间缓慢前行。无数的阅读，无数的计算，无数种语言——人类的、计算机的——都需要学习和翻译。生物学家、统计学家和程序员解释同一件事的语言完全不同。我成了以上各项身份的合体。对林业生态学家而言，树木的高度和胸径是其特征；对统计学家而言，这些只是数字变量；到了程序员那里，这些又成了唯一识别符：［t_height］，［t_diam］——借助这样的代码能够查询到一处林分或一片森林中数百乃至数千个数据点。就树木生长写一个关于时间的函数，进一步进行数学计算（用另一种计算机编程语言），最终就可以得到一片森林在10年、20年甚至30年后的样子。输入代表气候变化的另一些复杂变量或者变量集甚至场景，已经足够复杂的只会变得更加复杂。我埋头苦读，历经困惑和挑战，最终得到回报，直到开始下一轮挫败感，如此往复。但整体上，我坚信自己正在学习的将会用得到。

几个月的时间飞逝，快过我所愿意的——离我形成合格的研究计

　　　　　　　　　　　　　寻找金丝雀树

划还有很长的路。伯克利的学期将近尾声，我回到斯坦福，（又一次）找了个新地方住，可供寻找并测量外岸树木的短暂的夏季天气窗一天天临近。保罗说就算六月也可能有风雨、大浪和大雾，限制我寻找研究地的时间。白天我通读统计问题集，晚上检查用于分析尚待收集的数据集的计算机程序。清晨我研究森林特征——地面接收到的光照、树叶的丰富度和老幼结构。星期五晚上到星期六我尽力放松自己。乔纳森在圣克鲁兹（Santa Cruz）找到一份野外技师的工作。圣克鲁兹是一个海滨小镇，离北面硅谷所在的山区大约一个小时车程。我们去参加音乐会。我逃入大海，在冰冷的海水中跳跃，沐浴在潮水的韵律中。浪，在那些日子我会冲浪。比起我自己为超长工作时间和电脑屏幕所定义的节奏来，海浪的节奏是多么自然。我会爬山，循着石南、橡树和红杉之间的小径漫步，穿过密林。接着又到了星期日——我的星期一，我重新开始阅读、写作和解决问题。

在这几个月间——从格雷格尖锐地问北美金柏是否是我的缪斯之后一直到我回群岛之前，有一项科学研究改变了我对全球变暖的看法。"关于近期树木因干热致死情况的首次全球评估"——克雷格·艾伦博士（Craig Allen）这一新近发表的研究将日益增长的树木死亡和气候变化联系在了一起。[5]艾伦和他的同事在全球范围内分析梳理了包含"树""森林""死亡""灭绝""减少"和"干旱"等关键词的多项研究。通过联系区域的林业专家，他们从政府记录和其他科学文献以外的渠道获得了案例。他们确认树木死亡（和北美金柏墓地同样的死亡斑块，只不过是另一些植物的）已经广泛出现在有植被覆盖的六大洲，并且在近些年持续增长。

在斯坦福的办公室，我凝视着艾伦的研究数据。保罗那张用黄色框出研究区域横断面的外岸地图，连同他发给我的一些航测照片一道钉在一块布告牌上。在艾伦的文章中，各大洲的卫星影像图上用白色数字标出了树木死亡点。从数字上以线条引出各点的照片。#8 在非洲纳米比亚的蒂拉斯贝格山脉上，照片是一幅无生机的、落尽叶的二歧芦荟（*Aloe dichotoma*）的剪影，看上去像是立在光秃峭壁上的巨型黑珊瑚；#10 在亚洲中国山西省，照片上油松（*Pinus tabulaeformis*）死去的红色针叶正逐渐减少；5# 在中南美洲阿根廷北巴塔哥尼亚，照片上死去的榆叶南青冈（又名魁伟南青冈，*Nothofagus dombeyi*）的树干白得发亮。我读完了研究结果，接着翻到附录，浏览树种清单：阿尔及利亚北部的北非雪松（*Cedrus atlantica*）于 2000 年至 2008 年间死亡；法国的栎木（*Quercus* spp.）于 2003 年至 2008 年间死亡；美国西南部的西黄松（*Pinus ponderosa*），于 2000 年至 2004 年间死亡。

这种我称为"全球综合研究"的工作自然迷住了作为科学家的我。艾伦的研究模式令我着迷，而其系统方法之严谨令我印象深刻。但我更多的是作为这个变暖的世界中的一分子为其所触动，我更深刻地意识到气候变化的真实性，这比媒体的大标题和新闻报道要有力得多。

纸上的世界如此失衡跟不正常，我猛然也感到了失衡。一层焦虑本能地一阵阵涌过我的身体，撞向我的心。我感到自己远远不只是为那些树担忧。我想象着围绕地图上的每个点都展开连接着房屋城镇的蜘蛛网。

"有多少人亲眼见到了这些树的死亡？"

"有多少人的生活因此而受影响？"

而这些死亡斑块对整颗星球上的人们又意味着什么？甚至那些从没了解过一棵树或一片森林的人，他们仍旧呼吸着树木所供给的氧气，生活在为幸存的树木所调节的气候中。望着地图上的点如何由北而南，由东而西，我明白我在群岛所见的全部都有可能升格。在科学意义上，在情感意义上，甚至在现实意义上——在人们能做什么或者我能做什么这一意义上——都可能升格。

"看来北美金柏是你的缪斯了。"格雷格的问题在我脑中回响。

"不，"我又一次坚持道，这次仅仅是向着我自己。"它是望向我们未来的一扇窗。"

约翰说得没错，树木正向我们揭示着气候的真相。

但如果树木的死亡模式在全球各处复现——就像艾伦的数据所显示的——那么人们和其他植物在未来的反应也将如此复现。这一全球综合作用令我确信北美金柏并非例外。北美金柏面临着降雪减少的危机。而艾伦所列出的树种正在失水、正与极端高温对抗。我挖得越深，这些树的惨淡前景就越显然——例如依赖雾的海岸红杉，但甚至雾也可能日渐减少。[6]

"那么我们呢？人类呢？"我担忧着。"我们自己的倾覆点是否会难以避免？"

我不知道是因为"梭罗研究"，还是因为那骇人的全球综合地图，是因为艾伦的树种死亡清单，还是因为所有的数据。但不管怎么说，在我眼中阿拉斯加的树木死亡不再是陌生跟新奇的了。日增的树木死亡、提前的春季花期、部分物种数量减少——我面对的是一种新常态。那个冬天，我了解得越多，对北美金柏的第一直觉便越坚定：它是望向我们未来的一扇窗。

我想立即回阿拉斯加，以免卡在某种无助感中。艾伦的研究给我心中的火又添了一捆柴，让我想要更多地去听、去看、去做些什么。希望——一个朋友曾告诉我——就像不受约束的祈祷。当我们所做的、所尝试的、所求索的无一起效，我们便转而希望。爱德华·亚比曾说"感伤而无行动是灵魂的堕落"。[7] 这话激励我寻找比希望更能给人力量的东西——信仰，可能，相信我们所做的是有意义的。这一全球综合地图令我想要找到一条路——远不仅仅靠希望，而是靠行动——前行。而我相信，科学便是我的行动。

当干燥的山坡上花菱草烂漫时，我开始为怀疑困扰。每天，明亮的橙色花儿都在提醒我距离阿拉斯加最适宜天气开始的时间已所剩无几。我不知道我那些申请书能否足够快地获得通过；是否我真的能找到一种方法沿着分布在外岸的一系列林地收集到需要的数据；是否出现适航浪情和可承受风况的几率太低；还有那些我终于开始搞懂的研究方法，从室内改到倾盆大雨中是否会遭遇惨败。我开始了和保罗及其他研究温带森林的生态学家的频繁邮件往来，先是关于研究，但随着夏季的迫近，邮件越来越多地聚焦到了远程后勤上。

第一个主要障碍来自林分本身。"什么样的林分是我将实际测量的，我又如何选择？"我需要某种指征来确定树木的死亡时间。

进行树心取样以确定其年龄和时代——仅仅为了进一步估算死后

历时——单单这已经够另读一个 PhD 了，所以并不可行。幸而保罗他们已经找到一种确定树木死后历时的方法，即通过树木外观枯朽程度对其进行分类。看上去像电线杆的北美金柏平均死后历时大约 80 年，而还带着枯枝败叶的树大约仅死于 3 到 5 年之前。[8] 保罗可以提供示例树的照片。乜铎后来为五个枯朽阶段绘制了示意图。

乜铎绘制的五类死树图，用于将朽败的死树按死后历时进行分类。

我们首先需要乘机对森林进行调查，以预估不同林分的死后历时，接着乘船去到我们的大本营。"船长，我需要一位船长。汽车电池。"我把这些项目加入更多的待办事项当中。"测试一块汽车电池能支撑多长的计算机时间。"我们得乘因纽特人的小艇或徒步才能接近各处林分。"小艇，把小艇加到装备购置计划中。"

林业局一位退休的生态学家教导我不要有过分的奢望，要明白在那边"挂掉真是非常容易"。海潮、熊、恶劣天气都会是巨大的挑战，而在取得我想要的全部数据和仅仅取得绝对必要数据之间做抉择也一样。他认识一位猎熊向导，名叫保罗·约翰逊（又是一个保罗，我们叫他 PJ 好了），斯洛科姆臂往北七八英里有他的一间小木屋。木屋路途遥远，而且面海，所以难以供我长时间稳定使用。PJ 说，如果有需要，我可以去那小歇数日。他还宣称我将会是历史上第二个在斯洛科姆臂待上几个月的女人。第一个女人是 20 世纪 40 年代随丈夫淘金时困在那的。[9] 他还要我警惕晴朗的日子："如果出现一段长期温暖的天气，就要预备紧跟其后会有狂风和强冷空气。"

我需要从不同时期受到树木死亡影响的林分中选取特定的研究区域。森林生态学家称这些区域为"样地"（plot），取样的方法多种多样——一定尺度下的固定面积样地、不同尺度下的多种样地，用于不同研究目的、含有内嵌样地的巢状（也称嵌套）样地。我对各种方法都进行了了解，研究其利弊，综合做出决定。我将使用巢状法——同心圆，就像树木边材外缘和心材边缘间那种关系。小圈用于选择受测量的小树，因为小树数量较多。整个大圈则用于选取更大的树。

一旦去到现场，除了北美金柏和其他针叶树，我还将测量同一林地上其他植物，以了解有哪些植物存活下来，取代死去的树而令森林重生。数十年前，知名生态学家阿尔温·金特里（Alwyn Gentry）设计了一种快速评估植物群落的方法。[10]

自那以后，该方法为研究者们应用于世界各地。选择一个起点，以一个确定的高度伸出手臂，放下铅锤直到其接触地面。确认从手至铅锤之间接触垂线的每个物种，统计接触次数。走到一米开外再次放线，继而在 50 米横断面上不断重复这一过程，收集全部数据。我可以采用金特里这一方法，但另一些生态学家也使用一些更高效的方法，如估计某一区域内某一物种覆盖的地面面积，并就多个区域的各个物

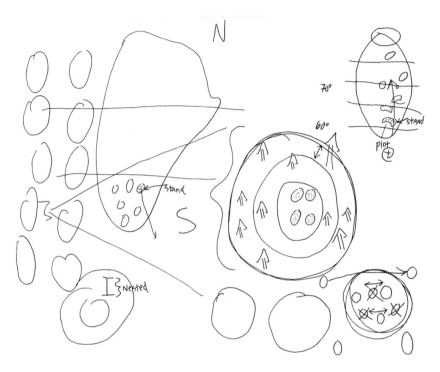

早期样地设计草图，当时我仍在考虑多种取样方法。左侧的多个圆圈表现了一个大致由北往南的年代序列；右侧的巢状（嵌套）圈表现了以体量对植物进行分类并测量的想法。

种重复进行这一估算。在阿拉斯加东南开展研究的生态学家用到了后者，于是我决定也采用这种方法。这类决策是科学工作的日常，其数量多到令人疲劳。我就吃饭和穿着制订了标准轮换计划，尽可能减少个人生活中做琐碎选择的需要。

　　我阅读有关测温仪器的文献。我需要耐久可靠的小型传感器，以固定在死树上或埋进地里，便于在一整个冬天里收集数据。综合同一地点的这两种传感器数据，我便能得知是否及何时下过雪、历时多长，以及发生的骤寒是否超过了树种的耐受程度。约翰·考维特的同事阿什利·斯蒂尔同意提供资助，前提是我们共同分析所获的海量数据。我订购了几十款仪器，在冷水浴中测试其精度和校准值。阿什利制订了计划：她、保罗和我三人将飞去现场，对选址进行最终确定。随着在研究细节上不断取得进展，我关于更大的意义思考得越来越少。我必须确保方法正确。

我为收集评估北美金柏状态和周围植物群落构成必需的数据建立了数据表——样地号、描述、经纬度、坡度、高程、距海岸线距离、树号、树种、株高、胸径（diameter at breast height——DBH，没错，这是个科学术语）、死、活、受胁迫。还有更多列……每列都照"关于正在发生的变化它们能告诉我什么"这一标准进行过仔细考察和确认。增加任何一项测量都将需要更多体力，体力意味着能量和时间——而这些都将是有限的资源。研究西黄松的小蠹虫（bark beetle）害的昆虫学家 F.P. 基恩（F. P. Keen）1933 年发表的一篇文章中，我发现一幅图：图上是各年龄段的西黄松枝叶，其中一些比另一些更健壮。我加上了一列林冠丰度——一种对所有植物进行外观健康分类的方法。

零零星星地，资助来了。最初几笔带来的信心足以令我继续，却不足以令我确信可以覆盖全部开支。我在以微不足道的资金为科学下注。由于担心野外技师被其他更阔的项目抢走，我甚至在还没钱发饷跟买机票时便早早聘定了自己的技师。即便资金悉数到位，我所给得起的也相对很少；我们所做的最艰辛的那些工作更像是志愿服务。

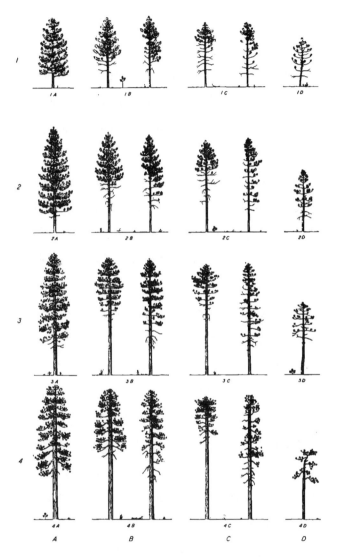

基恩的树冠分类图表。翻印自 F. P. Keen, "Relative Susceptibility of Ponderosa Pines to Bark-Beetle Attack," *Journal of Forestry* 34, no. 10 (1936): 919-927, 由美国林业协会许可使用。

七铎立即接受了我的邀请。面对这一切不确定因素，她泰然自若。她说尽管她从来没在野外遭遇过熊，从没在持续大雨中工作过，也从没划过船，但她相当确定不论出现什么情况她都能对付，而干起量株高的活来她像个机器。我相信她。那个学期间，我某次注意到她右手中指内侧纹着一串黑色字母：F-E-R-O-C-I-T-A-S，拉丁语的"野蛮"。这显然不是虚假广告。

帐篷的空间将相当有限：飞机有限重，而如需移动营地，我们的小艇又有限容。我确定包括我自己在内，团队需要两男两女，因为我们只能带两顶帐篷，实现两个分隔的住处。我需要一个熟悉野外条件的当地人，他需要了解北美金柏，而且真正明白阿拉斯加东南的寒冷多雨意味着什么。奥丁·米勒（Odin Miller，他把自己的名字写作Óðinn）就是这一人选，一个穿14码鞋的巨人。他在朱诺镇长大，现在住在费尔班克斯的一座没有自来水的小木屋里。奥丁毕业于阿拉斯加大学，曾经在西伯利亚零下50度的冰湖上做过野外技师，寻找甲烷气泡。他说一口流利的俄语。偶尔地，当说英语时，他会口吃。他对特林吉特人（Tlingit）的历史和文化很感兴趣，喜欢研究植物书籍。奥丁说他会负责扛一支熊枪。另一支则由我来扛。

凯特我已经认识。奥丁则是我经由北美金柏圈子中的口耳相传找到的。为寻找最后一位助手，我在同事和专业群体间发布启事，并收到数十封来自全国各地的问询信，来自国外的也有一些。我筛掉了那些求职信里显明着"来阿拉斯加的长年之梦"的浪漫主义者，也淘汰了经验丰富但要求朝九晚五加双休或要求晨间有冥想时间的技师。我真的难以保证任何时刻表。一切都将由天气说了算。不论谁要加入，都需要信任我的领导，需要相信这一项目，还需要做好应付可能发生的一切的准备。

然后，保罗·费舍尔的名字出现在了我的收件箱中（没错，又一个保罗）。他正在华盛顿大学攻读林业硕士学位，但他有考察高压输电线和天然气管线这类大规模能源项目的经验。他曾协助过罕见物种调查，在另一些项目中标绘过湿地，他还有额外的加分项：擅长野外测绘和 GPS。他说自己很强壮——视频面试确证了这一点：深棕色的大胡子和其他所有。他就学科、研究设计和我在海岸上的团队管理策略问了不少好问题，除此之外，他还告诉我他曾独自骑车穿越美国，他把这一成就烙在了自己的肩膀上以表纪念——用从国界铁栏上剪下、烧得红热的一段铁丝。当他的推荐人、另一位科学家得知我们计划去哪、做什么时，她说："聘他吧，他就是你要找的人。"我立即照办了。在他的准许下，我给了他"P 鱼"这一绰号，以防与唯一的保罗·埃农博士发生混淆。

我的团队就位了。

不论凯文还是保罗·埃农，都不可能一整个夏天留在外岸，但他们相当愿意也可以实现在工作之余的短期来访。他们各自来当了一个礼拜志愿者。到那时我将知道，凯文了解物种在不同条件下如何相互作用，看到林中的下层灌木即可预测随着时间流逝它将如何生长成形。常年在全球进行森林研究令他掌握了完备的野外研究方法，从而我相信他能帮我确定开展工作的最佳方法。保罗的地区专长令他能辨认各种绿色植物，他也知道在我们将要面对的各种严峻或温和的条件中如何推进工作。我抓住机会，保证团队在此行的开初即获得两位杰出科学家的支持。我们六人——保罗、凯文、P 鱼、奥丁、凯特和我——

的首聚便是在外岸。

　　最后一笔资助来自国家公园局，其时距我六月中旬的北上之行仅有一周，距和保罗、阿什利一道考察现场仅有 10 天。我本会更早动身，但斯坦福的课结束得晚，这给我本已压力重重的境况又添了一层时间压力。我去学校取了通过联邦快递寄来的支票，离起飞还有不到 24 小时。我站在斯坦福办公室的打印机边，用防水纸额外打印了一套数据表。项目主任之一的海伦在那找到了我。她见过数个月来我坚定地准备工作，处理过奇特装备的购买发票，而且和我的指导教授一样在我的 PhD 研究计划上签了字——没人大声称这计划"冒险"，但人人都知道如此。

　　"你明天出发前还回这里吗？"她在我旁边快速低声问道。办公室里，学生和教员们正进进出出。

　　"还不确定，我今晚还得再过一遍清单，但我想东西都齐了。"为着接下来的几个月，我已经用船运和空运寄去了 200 多磅[①]的装备和食物。这比为超重行李付费要便宜。我登机时还将在三件限额内另外托运 150 磅（约 68 千克）。

　　"你今天就得离开这里，"她说，"他们好像有点要爆发的意思——有好些关于安全的问题。大概是你在学校搞到的某些东西引发的，我也不能确定。我想与其刨根问底，不如转移一下注意力。看来你明白我的意思了。"

　　"完全明白。"我说。这种"最后一刻官僚主义"试图阻止我，这把我吓到了。

---

① 1 磅 =0.4536 千克

几个月之前，我在学校里寻觅过装备室——或者闲置设备清单也好，结果两者都有，由一位健康与安全协调员精心维护着。我找到了他，而他盘问了一番我的计划。我向他保证自己在山区接受过医学训练，而其他团队成员至少还有一个也受过训练。我们会带上林业局的无线电设备，每天报告自己的位置。如果发生两次缺到，他们将派出一支搜救团队。（要赶到我们那仍然得花上好几天，但我没告诉他这个。）我们集合后会去见锡特卡的一位研究熊的生态学家和朱诺的一位飞蝇钓者；后者遭遇熊的次数多得他自己都数不清。我们将执行他们推荐的防熊规程。奥丁已经接受了完整的枪械训练，我将紧随其后。林业局的安全主任之前问过我的"教学计划安全主任"是否批准。"教学计划？安全主任？"我想严格来说斯坦福的这位就是了。但据我判断，我是他遇到的第一个计划在偏远熊国靠因纽特人小艇、飞行艇跟徒步开展研究的学生。严格意义上这不算教学计划——一种在林业局工作人员看来标准化的东西。在他的帮助下我搜遍了学校，得到了一部卫星电话、一个防水无线电设备箱、GPS 设备、若干应对小刮擦的急救箱和一个用于绝对事故的大型急救箱。

　　"简单说，如果明天你已经走了最好。"海伦说道，几乎在耳语了。

　　"明白。"

　　她的眼神我只在我母亲那里见过——一种温柔的、支持的注视，无声叮嘱着：注意安全，好好抉择，去吧，现在马上。

　　我收拾好复印机上的数据表。我手中是一沓数千个空白单元格，等候着来自我尚未见过的森林的数字。乔纳森送我到机场，与我吻别。接着我便离开了。

第四章　解谜

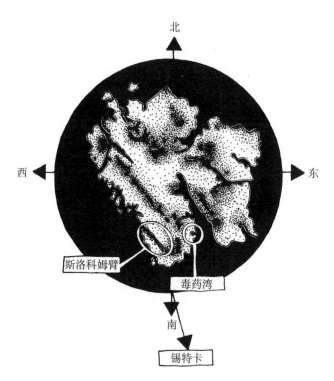

北

西

东

斯洛科姆臂

毒药湾

南

锡特卡

乜铎绘制的奇恰戈夫岛，突出表现斯洛科姆臂和毒药湾，
埃农博士和我都于两地开展过研究，不过相隔有三十年。

　　　　　　　　　　　　　　　　　　　寻找金丝雀树

在我已凝视几个月的印刷地图和海图上，卡兹（Khaz）半岛看上去像从奇恰戈夫"手掌"伸出的一根手指：这片丘垤起伏的陆地分隔了斯洛科姆臂和太平洋。在纸上，半岛仿佛只是构成奇恰戈夫崎岖海岸线的数千个特征之一。但从大洋一侧望去，卡兹的端部——"指尖"处陡然跌入碧蓝海水的岩壁——醒目地立于外岸，仿佛通向英灵神殿（Valhalla）的大门。

环卡兹行船仿佛在安全和危险之间跳舞，精细而步步为营。翻涌的海面冲击着峭壁，巨浪在岩岛间激荡，大洋的汹涌不息部分源于水下的复杂地形。在开敞和庇护的水面间，在漩涡和暂时的喘息间——这些无限长的时刻中，沉默是本能的。同样本能的是当大洋的峰谷平复如镜时长出的一口气。其后便是森林：浅绿、深绿和更深的绿，还有死树——柏科树种的枯骨。

我吸了一口常绿林那带咸味的冷湿空气，这里将是我们的消夏之地。

2011 年 6 月 26 日，同保罗、阿什利乘机考察后五天，我们动身去往外岸。云散了，露出澄蓝的天。我想起 PJ 关于晴朗天气的警告。空气从升温的大地上升，被吸入来自大洋的湿冷空气中，持续的狂风暴雨必然随之而来。从锡特卡的船坞上，越过开阔的水面望去，一岛接着另一岛，我能望到阳光照耀着埃奇库姆的峰巅，埃农博士和他的团队曾在这座火山上根据海拔和雪线标绘过北美金柏。要是知道接下来两个月会如何展开，我可能会在离开镇上之前先睡上个一星期，而且每天早中晚都吃意大利面。

在构成群岛的数千岛屿中，奇恰戈夫岛是被当地人称为 ABC 的三岛——海军部（Admiralty）、巴拉诺夫（B）、奇恰戈夫（C）——之一，ABC 三岛因其荒凉和野生生物而备受尊崇。多数阿拉斯加人选择去奇恰戈夫远途探险或进行"大获"——采猎鱼、浆果和鹿。锡特卡当地人告诉我外岸的熊是群岛中体形最大的；它们极少接触人，所以无法预测遭遇它们会发生什么情况。我选择了奇恰戈夫岛原始的西岸，并非为其偏远所吸引，而是因为我们已经确认那里有死立木，还有显示出更晚近胁迫迹象的区域。但是靠卫星图难以选择研究点，我需要通过乘船跟徒步来建立这一年代序列。

"好嘞——开船。我爱开船！"我预想着我们最终离开的那一刻，宣布道。我们还在把几百磅的装备搬到租来的船上。凯特、奥丁、P 鱼和我会先行上岛扎营。我需要这样的天气持续下去，因为照计划，第二天早上凯文和保罗将会乘船来和我们会合。

保罗和凯文将有限的支援时间聚焦于解决最后的问题。他们待五天就走，我和团队则会至少再多待八天，然后回镇上进行第一次短暂"回血"。我还要做几十项科学上的决策，才能万事俱备地和团队开启接下来的几个月工作。随着保罗和凯文的离开，我们将无人可问。我们没有互联网，也没有移动电话。没有空间带厚厚的参考书，卫星电话的覆盖也不稳定。我的无线设备只能连接到森林局在锡特卡的派出点，用于报告我们的每日行踪。

我将一个又一个包拖到船坞上，努力专注于当下而不去忧虑明天会是什么情景，凯文和保罗明天能否顺利到达，我们能否填满数据表上所有的空格。我迫不及待地要开船离开——终于离开。我已经处于"离开"状态好几个月了，却还没真正抵达那里，而此刻、终于，那些树离我们只有三个半钟头的船路了。

凯特微微一笑，指挥奥丁抓住装满干制食品的金属"防熊"盒的另一边。

"我们有的就是有了，没的就是没了，"我说。"现在开始，我们得靠这些完成任务。"

用铅笔写的新计划是这样的：我们会分两拨乘汽艇抵达斯洛科姆臂，一拨是我和我的野外团队，另一波是凯文、保罗和两条小艇。我还没选择我们的测量地，而作为确保科学研究有效的重要先决条件，这一选择需要是随机而系统的。在那趟令人沮丧的奇恰戈夫之旅后，我形成了一个新计划：船长照计划送来第二批的凯文和保罗后会逗留一两天，我们会用这段时间沿着海岸线对各处森林进行调查，在其中选定测量点。

我为团队野外工作计划了 12 到 14 天的时限（这一时长决定于另外一组不可预测变量），此后我们会从大本营回镇上，交通工具取决于当天哪种可行——如果雾太厚不能飞就乘船，如果海上浪太大就乘飞行艇。我们会把小艇留在奇恰戈夫岛上一整个夏天，直到任务完成或天气窗关闭。

我们预备了八周时间，可以跑四趟。我预计每趟在 10 到 16 天之间，两端各留了几天的余地。我们需要一定的弹性，预备因为天气缘故搁浅在大本营，或者更糟——滞留在锡特卡而回不了斯洛科姆。要在新地点支帐篷和收帐篷意味着每趟有两天的时间不能收集数据。我从日程表里挤出每次两到三天在锡特卡的休息时间，但我已经想到这短暂的重回文明的时间也会相当艰辛。我们要修理设备、补充食物、给电池充满电、洗衣服、睡个温暖觉、尽量多吃——在我们下次再做这些事之前。往返飞行或行船在我看来是对时间、钱和能源——化石能源——的浪费，所以在供给耗尽之前我们会在海岸上待尽可能久。

从锡特卡开船出发带来了一阵解脱感。几小时当中我什么也干不了，不能进行故障检修，不能核查跟复核，也不能装卸货和计算。我只能沉默地存在于这一中间之中。

我越过船长查理坐了下来，凝视着蓝色海平面。船向西北开去，离开镇子，经过零星几个我曾在图上研究过的小岛。我们经过了一连串狭窄水道，东西两边紧贴着岩石和森林。接着，仿佛反方向穿过漏斗，进入了开阔的索尔兹伯里海峡——我们的外岸初体验。

峡间吹出的风冲击着海。我们随波上下，小船撞击着一个个波谷。查理在一个峭壁嶙峋的三角形岛背后靠了岸，叫克洛卡切夫（Klokachev），是一块巨大的、高出海面数千英尺的基岩。靠着先前研究过的地图，我准确地判断出我们到了哪儿。

"莱奥锚地（Leo Anchorage），"查理报告道，确认了我的想法。还在办公室时，我就留意到地图上这个名字，因为它碰巧和我名字的首字母缩写一样。现在在海上，我在它提供的一刻靠岸小憩间饱览它的壮丽。这是抵达卡兹前的最后一处庇护所。

查理放松油门，减速，准备整顿一下。

"要再走 10 英里（约 16 千米）才能抵达有庇护的水面。"我说道。

"你还想往前走？"他问道，扬起了花白的浓眉。"从这儿到斯洛科姆中间可没有歇脚地了。"

"我还想往前走。"

查理踩下油门，我们再次开入汹涌的大海。忽然跃起一只海獭，紧抓着一条海草，接着又跌回海中，在水面上留下一圈渐渐消散的波纹。在每一个波峰上，我看见越来越近的卡兹，而在波谷只能看见海。我们一言不发地前行，直到离开开敞水面，来到风平浪静的比勒隘道（Piehle Pass），在岩石和漩涡间穿行绕过卡兹。然后，终于，我们抵达了斯洛科姆臂内侧，在北美金柏、云杉和铁杉间前进，寻找临时的安身所：大本营1号。

连续数日都有晴朗天气和可控的浪情，保罗和凯文得以顺利到达——我正需要这样的顺利。我充分享受这短暂的蓝天，清楚紧随其后的便是大雾、狂风和暴雨。凯特和奥丁留在营里练习辨认植物。而我则和"男生们"（这是凯特的说法）开始乘船调查——这是建立年代序列的第一步。我们会靠近岸边调查树木，并深入陆地寻找山坡上的北美金柏林分。全部观测都会以表示死后历时的代码标记在GPS设备上。接着，通过从带GPS标记的海岸线上选择距海远近不同的各点，便可实现从死亡年代序列中的随机选择。如果这一计划B选不出死于不同时间的北美金柏森林，我想也没什么办法可行了。

"告诉我你想怎么办好了，"我登船时，另一位船长斯科特（Scott）说道，"我是船长，但你是带队做研究的，我们该开多快？

在离岸多远处停？你说了算。"

"好极了，"我肯定道，"让P鱼拿一台GPS，我拿另一台。保罗，看来我俩得负责观测了。我们背靠背完成，然后互相比对，协调差别，记录，然后继续。"凯文自告奋勇用纸笔作备用笔记。我一手拿双筒望远镜，另一手拿GPS。我把大拇指轻压在路点按钮上，这样标记位置时就不需要低头看了。

"我可没法停下来啊。"斯科特说。

"是吗？"我没料到会这样。他点点头。

"好吧，"我说，有点受打击，"就是说我们得确定一个速度，慢到足够我们记录，但不会慢得被浪冲走，对吧？"

"没错。5海里^①/小时怎么样？还是再慢点？"

"先试试吧。"我说。他试验了几种不同的速度，直到我选定一种。

"你留心树，"P鱼说，"我来留意距离。每过几百米我会喊话报告一次。我们各自记录路点。"他在我的防水笔记本上画出填数据用的竖线，接着把铅笔别到耳后。

"位置我会用GPS记录，但森林的情况会记在纸上。"他说。

然后，我们从南往北沿着海岸线开了几个钟头，在海上一艘摇晃的船上借着双筒望远镜观察树木，分辨树种并确认枝干的腐朽程度。保罗和我喊话报告树木死亡的各阶段。

"标记路点。"P鱼命令道。

---

① 1海里＝1.852千米

　　　　　　　　　　　　寻找金丝雀树

船上眺望的景观。其中有大量第四类和第五类死树，
表明死亡时间距今较久。作者自摄。

"电线杆子。几乎没什么侧枝。代号 O，年久死亡。"我报告道。

"标记路点。"

"看上去还有主枝。代号 M。中期。"

"标记路点。"

"近期，相当新的死亡。所有的树枝上都还有枯叶。保罗你怎么看？"

"同意，代号 R。"

一英里又一英里，我们对死树进行标绘。我全神贯注地工作，标记必须准确。

收集数据点花了一天半时间。斯科特在岸边放下我们后便立即离开了，天色已经阴沉下来。在帐篷里，P鱼和我花了好几个钟头将数据输入野外计算机——这是我在斯坦福那次装备大清查的战利品之一。一旦数据表上的信息悉数输入GPS设备，便开始了地理藏宝（geocache）般的寻宝之旅。我们将获得按照森林受影响时间的不同分类随机生成的地点——潜在样地。当数据终于成功载入GPS（支撑计算机的汽车电池仅剩几分钟电量），P鱼和我欢呼起来，声音大到在山坳里产生回响。在这些时刻，在困难和短暂的成功之间，研究的需求很容易就令我忘记那更大的图景——气候变化正日益加剧，威胁到我们所有人，而那些树对人类又可能意味着些什么。

我们一刻都没有浪费。第二天一早，我和全团队跟凯文一道站在海滩上，面对着绕不过的一道坎——我们要越过密林和岩石海岸交界线上的垂直灌木"墙"。气温在40华氏度（约4.44℃）上下。冷风扫过峡湾，将雨滴赶向两边，又挟着海水扑上岸。我拉下羊毛帽的帽檐，遮住耳朵。凯特调整了一下她军绿色雨裤的背带。6尺4（约1.9米）的巨人奥丁迈着大步跨过一截漂木，目光从上到下细细扫过"墙"，想找一个突破口。

"保罗去哪了？"凯特问道，将辫子塞进外套领子里。

"在里边了，已经。"我回答，在一块岩石上跟跄了一下。我厚重的橡胶靴虽然防水，却令我行动笨拙。

"那家伙移动起来跟森林精灵似的。看着他做好像超简单。"我说着，因为没站稳而有些恼火。在他消失的地方，我听到"墙"的枝叶窸窣响动了一阵，接着便是一片寂静。

　　　　　　　　　　　　　寻找金丝雀树

"那么，如果受胁迫和死亡的叶你会估测，"凯文开口道，他手指一棵树，树上有些枝子的叶是棕褐色，有些则黄绿相杂，"黄叶你也有考虑吗？"他极有耐心、话不多，但只要开口，就会是尖锐的问题，我知道解决他提出的问题相当关键。

　　"棕褐色跟黄色？还是只要棕褐色？"我思索着。"棕褐色绝对是死了，黄色是受胁迫，但可能康复。这种更可能是黄偏绿而不是黄偏棕。"我眯着眼望去。"那是橙色吗？有正确答案吗？我不知道。他知道吗？"

　　"黄，橙，棕——各种锈色。都可以按照受胁迫和死亡进行分类。"我宣布道。凯文点点头，往前朝海滩的绿墙又走了一步。我复查了一遍系在胸前的手枪的保险，将后腰处插在皮带上的防熊喷雾转到前面。奥丁将 .338 口径手动枪机步枪稳稳地扛到肩上。

　　"如果开枪，就要一枪毙命，"在朱诺时，一位经验丰富的猎人曾告诉我们，"你不能仅仅射伤熊。一旦决定了开火，你就得在被它撂倒前先把它撂倒。"

　　比起熊来，我对研究的担忧要多得多。一旦我们共同完成了第一块样地上的工作，就再也没有回头路了。到那时，后续每块样地的工作方法都要与首块样地的完全一样。野外后勤也要让位于科学，而科学需要重复、精确和一致性。保罗和凯文走后，凯特、P鱼、奥丁和我将执行双重任务：生存（全力避免失血过多而死或骨折），还有在这个夏天剩下的时间里像机器一样干活。

　　"我带了速记板、数据表，还有英柏斯（Impulse）。"凯特报告道。英柏斯可以基于简单三角几何实现激光测量树高。不幸的是，测量并非我以为那样简单地瞄准跟发射激光：你需要在林地上来回移动，直到找到一个视线能同时覆盖树基部和树梢的地方。向树干发射激光并按下按钮以测量水平距离；向树梢发射激光并再次按下按钮；接着向树基部发射激光，最后再按一次按钮。英柏斯便计算给出所求边长：树高。要找到同时可见树基部和树梢的视线得来来回回走不少路。多数设备都有备用，但对于我微薄的预算，要多准备一台英柏斯太贵了。如果这台英柏斯挂了，整个项目也就黄了。

P鱼低头盯着GPS设备上的小小显示屏，擦掉塑料保护套表面的水雾，又按了几个钮。

"我标记了出发点，"他说，"到1号样地的距离也测好了。一切准备就绪。"

凯特第一个出发了，一路低头下穿前行。奥丁将手臂伸到脸前，像头公牛一样冲墙而入。我低下头，保护着眼睛前进，用赤裸的双手拨开两条桤木枝。

"园艺手套，"我想，"得加到补货清单上。"

一进到森林里，我们便统一了速度，紧跟保罗，好充分利用他对这些森林数十年的研究中积累的宝贵经验。

在大雨、植物滴水和我自己的汗水（截留在我那本该是透气的戈尔特斯Gore-Tex外套内）混杂下，当我们抵达首个潜在研究样地时，我已经湿了个透。站在林地中央，我开始按预定规程评估周围条件是否符合研究选点的全部要求。如果不符合，我们会放弃该点，另走一段随机距离，再试一次。从安全角度来讲，可以操作；场地很陡（作为第一块样地，比我期望的陡很多），但根据我的测斜仪上的数字，还未陡到必须整个放弃。我将一部特制目镜贴在眼睛上，在原地慢慢转圈，每当有一棵树通过棱镜进入视野，我便停下来。基于每棵树的树干在镜中的移位程度，我能够判断是否树太小而不能够纳入计数。凯特在我旁边做记录，记下计入的树种和死活情况。我完成360度棱镜全景后，凯特将全部计入的树加和。这一程序令我能快速评估断面积（basal area）——主干所占据的空间。如果断面积过小，我们将认为周围环境不适合用作我的研究选林，并前往下一处。凯特核实是否北美金柏占多数。

"这块及格了！"她说。我松了口气。因为久立不动，我已经冻僵了，迫切希望开始工作并暖和起来。凯特拿起一根竿子，在一端绑上一条粉红色带子（我们称之为标旗），把它插到我脚边的苔藓中。

"样地中心，"她宣布道，"四十分之一。开始吧！"

四围有太多灌木，我们像一群乌龟一般出发了，一个个又慢又踉跄，没人清楚该往哪个方向走。奥丁笨拙地摸索着背包里的各种卷尺。P鱼和我为了用GPS设备记录样地坐标浪费了不少时间。凯特抓起英帕斯，开始重复向同一棵树发射激光，检验精确度。

凯文和保罗像教练一样站在场外，密切关注我们的一举一动，但是避免给出太多指导。我肚子咕咕叫起来。看看表，已经差不多到午饭时间了，而我们还没完成任何的实际记录。

凯文从后面拍拍我的肩膀说道："进——展——缓——慢是意料之中的。"我扫掉数据表上的雨滴。纸仿佛已经吸饱了水。

"重点是这第一次要做得对，"他添上一句，"接下来有整个夏天供你加快速度。"

"防水纸根本不管用，我们需要海洋学家在水下使用的那种纸，"我想着，在心里给补货单又添上一项。

"可以的，"保罗说，他见我正试验用铅笔在湿软的纸上画线。"稍微用点力，但别大到把纸戳穿了。等晚上到帐篷里把它们晾干、留影，你就有备份了。"

"揩干净英帕斯、油枪、数据表数字化。"我深吸一口气，在心里为晚间营地任务又添上一张清单。"我喜欢清单！"

开始测量样地直径。奥丁将断面卷尺的一端系在中央标桩上，接着在越橘属灌丛间开路前行，卷尺艰难地拖在身后。我们基于粉红标旗确定好固定面积的大圆圈后，确认树种和测量工作才终于得以启动。奥丁的工作是使用一个一平米的白色 PVC 管取样框观察林地面。他会确认其中所有植物的物种，测量他们高度的平均值和最大值，以及每一物种所覆盖的面积，接着在新位置取样，直到为每块样地取得八个平方的样本。

保罗主动提出协助我们测量树木胸径，我后期会据此对树木进行从小树苗到大树的体量分类。对测量结果进行横跨年代序列的比较可以展示出在北美金柏灭绝的同时，有哪些树种成长起来。我们需要调用三双眼睛来确认不漏掉每一棵树。我们散开成一条直线，像指针沿钟面运动般经过一棵又一棵树。P 鱼打头，给每棵树钉上一块铝质号牌。保罗用布卷尺量取每棵树的胸径。大一些的树要两个人才量得过来——一个人固定住一端，另一个带着卷尺绕树一周。我喊话报告确认的树种："云杉"或者"异叶铁杉"。保罗确认北美金柏的速度飞快。他将手放在带涡纹的树皮上，高喊："找到一棵，"我们所有人

　　　　　　　　　　　　　　　　寻找金丝雀树

便都明白是指"一棵"什么。他会从树干走开几步，仰望一小会儿，明亮的蓝眼睛里满是倾慕，无论树是死是活。

在那里，在北美金柏的枯骨之下，我想：激励着他和同事在群岛完成数千份测量、解开树的死亡之谜的，就是对这种树的爱吧？保罗要解开的是北美金柏的死因之谜。我要解开的谜则是关于接下来会怎样：不仅是对于植物，也是对于人。

30年前，距我们斯洛科姆臂的首个选点10英里（约16千米），在岛另一边的毒药湾（Poison Cove），保罗开始了贯穿他整个职业生涯的研究。他选择毒药湾是因为那里有许多交杂分布的死树和活树斑块，这一边缘特征使他可以高效地在它们之间移动以研究两者。保罗像个疫区的传染病医生一样，尽可能多地收集样本和观测记录。他的任务是记录在哪些地方雪松已死或正在死去，在哪些地方它们未受死亡影响，并描述病树的征兆和症状。

保罗和妻子苏珊用了两个夏天的时间，在毒药湾的泥地里跪着挖掘树根——正在死去的树，还有作为对比的健康的树的根。我读过的期刊论文里，这好几个月的工作被浓缩成关键信息："挖掘了根部以研究与衰亡和死亡相关的症状和组织。"以及，"1864份分离培养鉴定样品中，发现真菌1047株（56%）。"[1]而只有保罗和苏珊真正明白"挖掘"意味着什么——他们的双手被糠蚊叮咬得不见完肤，好几天都守着一棵树的根部度过。一千、八百、六十四份"分离培养鉴定样品"意味着将从地里挖出的树根切成小薄片，使用培养皿培养其中可能存在的任何真菌。他们是在一座偏僻的猎人小木屋内工作的

（不是什么标准实验室环境）。几个季度的艰苦调研后，他们发现，真菌、病毒、害虫或霉菌之类造成其他大规模树木死亡的原因无一是杀害北美金柏的凶手。

保罗原本以为投入读一个PhD的精力能解开的谜结果让他投入了整个职业生涯。直到来到奇恰戈夫，我才真正明白他为这许多年、数千次的观测付出了什么——他的人生、他的精力，有多少被他倾注到这项艰辛的工作中——这工作是按部就班的，但又是激动人心的。先前没人想到气候变化可能是元凶，除非排除其他所有因素，也没人会接受这一可能。我也会为找到一个答案而奉献一生吗？继续研究下去所得的答案对我来说就满足了吗？

我们在一起的最后一个下午，保罗和凯文没有再继续向我发问，而是加入了团队工作。

"现在就全写下来，"凯文提醒我道，"你以为你会记得每一个决定，但你不会。如果你只计入高于1米的幼树，就记下1米。如果你要以F11的光圈值拍摄林冠，就记下F11。你的方法就是你的圣经。"

我们测量了树高和胸径，估算了死亡和受胁迫叶的百分比，记录了它们在林冠层的相对位置。空白数据表上的单元格渐渐填入了内容，但我带来的巨量表格表明了还有多少工作尚待完成。保罗进入了一种少教多做的状态，我渐渐感到有了些信心。他们在放手让我掌控全局，我已经准备好了。

在晚间的毛毛雨中，我们站在海边吃着晚餐。

"没有大张的防水布吗？"保罗问道，四下张望，想在我们用作大本营的海湾附近找个避雨的地方。我们在海滩的潮间带做饭，好让剩饭能被海水带走，不会留在岸上招熊。在极简和不留痕迹两项原则下，我们使用的是小型背包帐篷，并把它们藏在湾对面的林子里。

"没有大张的防水布。"我确认道。

没时间闲坐，所以我以为大张防水布没必要。"有张小的，我们准备用来在林子里盖住防熊盒，这样至少取食物的时候能遮雨。"

"唔。"保罗说，面对着整个团队，他没再往下说。

"你在毒药湾时是怎么遮雨的？"我问道，想最后再确认自己还有什么疏漏。

保罗顿了一下。"这个嘛，我们不是靠遮的。"

加了热水的咖喱端上来几分钟就被大家清扫一空。饥饿业已为外岸所重新定义：曾经只是从胃里传来的微弱提示，现在成了席卷全身的剧痛——肚子和肌肉都在尖叫着要求能量，却罕能得到满足。

"你是什么意思？"我问道，享受着自己最后一口饭。

"我们不需要。我们有木屋跟炉子，所以不难。整个夏天我们都驻扎在那。"没人说话。我想象着系在橡子上晾干装备用的晾衣绳、有火烘干的橡胶靴——多么奢华。我已经为进出帐篷和衣物护理制订了一个周密的体系。晚上我会站在帐篷外，飞速脱掉雨裤和外套，只穿秋衣秋裤爬进帐篷前庭。秋裤已经湿透，所以我会把它脱到大腿位置，再进帐篷里——得先光着屁股。我会坐在一端，脱掉一层层湿衣服，避免弄湿我睡袋下面的地面。然后，终于，我会换上我从不带出帐篷的那套毛线睡衣。我还有一套干燥的睡衣：完全是因为知道这一点，我才能忍受白天的冷湿不适。P鱼整晚和衣而眠，用自己的体温烘干湿衣服，但我发的那点热烘不了什么东西。而最糟的莫过于早上要穿上那些冰冷、发霉、潮湿的衣服。奥丁宣称他醒来遇到的最大挑战就是——闻过他的袜子后挑两只最不令人作呕的。他把袜子挂在帐篷里，这绝对是驱熊剂。

奥丁探过身去，想望望锅里还有没有剩什么吃的。锅是空的。

"好吧，我们有个窝，而很快我就得爬进去！"凯特说。她往海边走，去泡她的碗，而且我们这唯一的干燥空间再也不曾被她叫作"帐篷"。

早上，我被人收拾帐篷竿子的声音吵醒了。我来到"窝"外，在靴子外穿上橡皮裤，望见保罗和凯文将自己的装备搬到海滩上。我已经晾干了，期待着不受注视地领导我的团队，但我也清楚，知识的宝库将随着他们而离开。我感觉自己像个第一次被单独留在家的小孩——相当确定一切会好好的，预备好了庆祝，但又因可能出现的困难而有些犹豫。

飞机降落在我们营地外的浮筒式起落架上——我们在那之前很久便听见了飞机声。凯文和保罗已经整装等在岩石岸滩上。飞行员穿着长筒靴跨出机舱，我们看着他用一只手抓牢一个浮筒，另一只手换挡。外岸的布什飞行员（bush pilot）很少让乘客动手上行李，但这并不是什么骑士精神。这些飞行员中的佼佼者们深谙重量对飞行的影响，他们会掂量每一件登机物品，作出估计，再决定其到底该放在飞行器中什么位置。飞行员将飞机停靠到近岸的浅水区，方便凯文和保罗上行李。保罗迈入水中——水差点高过他的橡皮靴顶。

"记住，"凯文对我说，"安全第一。吃饱、穿暖、不可大意。"他从自己的外套口袋里掏出几条谷物棒来递给我。之前早餐时他已经把自己那份燕麦片让给了我们，说自己回镇上吃。飞机起飞了，岛上只剩下我们四个：我们要测完 1 号样地，再一路继续测到 40 号。我奔回"窝"去取背包，发现凯文的蓝色羊毛衫躺在凯特的睡袋上，叠得整整齐齐。

当我回到海滩时，奥丁、P 鱼和凯特已经整装待发了。

"现在只剩我们了，"P 鱼宣布道。"开干吧！"

凯特发出一声长啸。我脑中立即响起皇后乐队那首 *We Will Rock You*（《我们要震撼你》）：蹦蹦——啪，蹦蹦——啪。我头一次感到像个真正的科学家。严格说来，我们要收集的数据最后会归我，但我感到我的助手们——我的队友们——的投入丝毫不亚于我。我并非唯一一个想知道接下来会发生什么的人。外岸上只剩下我们四个，等着我们的树却有数千之多。

我们花了两天半时间——保罗和凯文走后又干了整整一天——才搞定第一块样地。我们每来一趟得完成 10 块样地。在一块上花两天半实在太慢了。唯一的解决办法便是凯文提出的——要更强、更快。

2 号样地进展到第九个钟头时，我们已经浑身湿透、精疲力竭。我们讨论起是该今天干完还是停工明早继续。

"如果现在回去，我们能休息得更好，明天会更有干劲，但这块就耽误了我们。许多天后我们就会有一大堆未完成的样地。感觉效率不高，"凯特说，"我不喜欢拖延。我喜欢完成。"

P 鱼敲了三锤，给一颗北美金柏钉上号牌，接着他说："如果留下，我们就能省下多一趟来回所耗的热量。"他没有为讨论而放下手头的工作。事实上他从停过手。他拿卷尺绕了树干一圈，然后拉紧。

"睡觉，唉能睡觉真棒。但是，好吧，我们，呃，我们没有多余的热量可浪费，"奥丁考虑着。凯特对低效的厌恶和P鱼那天生的果断令我已经稍微有些担心奥丁这一场深思熟虑会把俩人逼疯。将方法和风格迥异的各人结成团队是我有意为之——我想着我们可以相互牵制，从而避免做出什么轻率的决定。

"如果夜间回营地，我们就得搞出些响动，好赶走熊，"我说。我问他们对两种方案有没有安全方面的反对意见，大家都没有。"好，那咱们就不拖延吧，"我做出了决定。

我们留了下来，总共花了12个钟头才完工，但已经有进步了——比之前那块少花了一天半。

那晚划船回营时，海面风平浪静。凯特认为我们的蓝色双人小艇是鲸鱼蓝，所以第一天她就给它起了名叫"鲸"。男生们的小艇是火红色的，被他们叫作"龙"。嶙峋的峭壁反映在水面上，令人幻觉水下还有另一个陆地世界。我努力寻找着上行的方向，感到又晕又茫然。

"呜哇啊啊啊啊——"凯特第一个从恍惚状态中醒来叫道，"水——母。"

我眯起眼睛，将目光的焦点从洋面的倒影转移到那个蠕动着的形体上：一只巨大的水母缩起身体来，向前进了一步，接着舒展开来，仿佛一顶粉色的雨伞。

"噗——"凯特说。

有些吊诡和变态的是，我想我们开始喜欢上了这一挑战。3号样地：从跳进森林"墙"到出来花了 10 个钟头。奥丁开始记录自己测量林下样方的速度。在 4 号和 5 号样地我们达到了高峰——8 个钟头，接着 6 号打倒了我们。林中密布着一人高的小树，进入的一路前所未有地慢。我们艰难穿行于小树苗间，无法留心脚下。走到一株倒在地上的老树边时，踩到了一堆地衣上的我感到地陷了。掉下去时我能听见大地在开裂。我落入了一个巨洞中——洞是这棵树倾倒时形成的——脚下是一大片树根。

"哇！"凯特惊呼道。"你还好吧？"她从上方探头看着我。

"应该还好，"我说，上下动了动双腿，看有没有哪里痛，又低头看了看身上有没有血。我的橡胶裤被一条根撕开了一个口子，但没有伤到皮肤。

"要断掉一条腿或破掉一条动脉的话，这方法不错。"我说。

我真高兴妈妈不会看到。

"所以，有倒在地上的大树意味着某处有大洞，即便我们看不见，"我添上一句。

凯特笑了起来。"记下了。"她把我从地下拉上来，回到地衣层，我们继续前进。

第一个随机位置是一片沼泽地，没有足够的树木可供测量，于是我们弃之继续往前。第二个点是一处陡峭的深沟。这里之前一定遭遇过强风，因为朝各个方向都倒着被吹折的树。第一天仿佛整个儿重演了。过了午餐时间，我们已饿得胃疼，却甚至还没找到适合我们的样地。第三个位置终于及格了，其所处的是我们在船上命名为"死亡中期"的时期——即树不是最近才死亡的，但也不像南面那些电线杆枯骨一样死亡已久。北美金柏之死对这些区域的森林的影响已有数十年之久，而那天我们所发现的根本是一团混乱。灌木密到凯特几乎无法站定进行精确的高度测量。大片生机勃勃的绿色淹没了死树，分分钟便不见人影。我们靠着雨衣摩擦松针的声音和报告测量数据的高喊彼此追踪，首先进行大树的测量。要测量的幼树是先前的两倍之多。许多蜂鸟盘旋在我们的粉红色标旗四围——粉红是多蜜的花的颜色。"之前的样地有蜂鸟吗？"我想不起曾见过，但当时我也没在找。这些蜂鸟仿佛某种新事物一样令我惊讶。

我钻过灌木丛，好更清楚地观察一棵死去的北美金柏，结果撞到了奥丁身上。他正伏在一丛小松树下，手捧"波加（Pojar）"——这是我们唯一的一本植物参考书。[2] 奥丁用双手摊开书，我能看见一枝叶间开着小小的白花的松枝。他不顾有雨，将外套脱下来垫在了地上，自己跪在上面。透湿的汗衫上到处支棱着树叶和松针。

"发现了一些我从没见过的树种，"他说。"这里的林下层比一般情况丰富得多。"他抬头望向正手拿速记板站在雨中的我。"而且演化很慢。"他补充道。

"我们上到这里来也很慢。"我说。

面对这一堆全新的挑战，我感到又冷又沮丧。但当工作推进到傍晚时，这块样地的科学事实变得越来越令人着迷。我们东戳西捅、为保证精确性进行再次测量和统计，对草和灌木、对地衣之间的开花植物进行额外测量——每个数据都指向一个在失丧和死亡中间的幸存故事。这是一片放下曾经所是而焕发出新生的森林。这一群落中的某些成员正在设法最大限度地利用变化的环境。

7 号样地和 6 号类似。凯特说在中期森林干活让她患上了幽闭恐惧症。茂密的灌木拉扯着我们的衣服。我们伏在小树苗下，潦草地作着记录。每天晚上回到墙外的岸滩时，我们便打平双臂，陶醉于整个白天为树林钳扼后终获的自由。我的手指皱得仿佛在浴缸里泡了几个小时。

"这些森林仿佛正在经历中年危机，"我说道，我们刚完成 7 号样地的测量，正扛着小艇往水边走。一开头就如此，没法知道这一混乱将会怎样发展——哪些物种会存活并渐渐繁盛。但测量中期森林那些最艰难的日子中，那些几乎吞没了我们的浓密绿色已经足以推动我走得更远。我相信如果去黄杉死后历时更长的南面选点测量足够多的样地，我们将发现新的森林正在形成。而我便能知道这一切将如何演替，也便能找到在这一变化的气候中生长跟存活的那些物种。

我们没能在第一趟测量之旅中完成 10 块样地。到第 12 天测完第 7 块样地时，我们的食物耗尽了。那天晚上围着营火，P 鱼和奥丁给补货清单添上了更多的黄油和士力架。凯特和我则往清单上加了氯丁橡胶带——一种渔夫用来束袖以防水的腕带。我在海滩上打了个卫星电话，订了第二天的飞行艇。

早晨，我们在海滩上等着飞行艇的到来。还剩一块克利夫能量棒，这是我的最后一点儿食物。我对自己发誓在看到飞机着陆前不吃掉它。在 2011 年 7 月 8 日的野外日记中我写道：

> 东西都晾干打好了包，我坐在海滩上……奥丁在上边的林子里读关于楚科奇海的资料。凯特穿着雨衣雨靴蜷成婴儿体位，轻

敲着一棵异叶铁杉（*Tsuga heterophylla*）的根。P鱼以手抱头，对着他的防水日记本在琢磨着什么。我呢，这么多天来第一次在早上穿上了我的"睡眠专属内衣"——这套帐篷专属的神圣衣裤，从未沾湿过，而今天怀着能够离开的希望，我牺牲了它们。

我希望这不会为我们带来厄运。

我的手指因写字太多而发痛。我的手上布满了擦伤、小割伤和北美刺人参（Oplopanax horridus）的扎痕。指甲和指尖因为无数次在树和灌丛间爬高爬低而生疼。今天的雾很大，可能大到不能飞，厚厚一层停在卡兹岛尖。浓雾在我们的注视下升起，又沉回了斯洛科姆臂更深处。

我们翘首以待。我们饥肠辘辘。我们已经耽延了，为搁浅情况额外预备的两日份食物耗尽了。锡特卡仿佛成了春秋大梦。我们还巴望着晾干、回血、和爱的人说上话。我们还巴望着大吃特吃三文鱼、新鲜蔬菜、蛋白质和脂肪。样地完成了7块，还有33块等着……为了保持温度、为了去到选点，我们一刻不停地干活，我们划船、跋涉、攀爬、挂防熊袋、啸叫、测量……半夜饿醒，饿得肚肠发痛。我要干掉燕麦片里那勺油，拜托。加利福尼亚感觉真遥远，我想我们全都已经不记得太阳照在皮肤上是什么感觉了。

回到锡特卡走下飞行艇时，我被水泥地面的坚硬吓了一跳。这么久以来每一步都准备好趔趄或跌倒，我已经没法以坚定的步伐直线行走了。我们已经两周没冲过澡了，但只是跟跟跄跄地从码头走到机场咖啡厅，瘫倒在一张桌子边的四把椅子上，叫了煎蛋和松饼。我们还有 60 个钟头，然后就得装好行李飞回斯洛科姆，而这 60 个钟头当中一半的时间我们得拿来睡觉。我们得想办法在下一趟一天完成两块样地，而这要如何实现我却毫无头绪。

女侍者端来了一盘盘热腾腾的新鲜食物。P 鱼立刻埋头开吃。凯特坐在那儿，对着她金黄色的煎蛋凝望了片刻，接着眼泪夺眶而出。

"你哭啦？！"我问。

"老天爷哟，"她说，擦了擦眼睛，脸红了。大家都笑了起来。"我在那儿的时候可是千难万险都没吭过一声啊。现在由得我吧。是啊，我哭了！"

奥丁、P 鱼和我陷入了沉默。我把电话插到墙上充上电，开了机。几百封邮件开始下载。每一条延迟的消息都带来震动和蜂鸣。

"唔，我猜回镇子会变得相当不可思议。"奥丁说。

我们仿佛身处两个世界之间。阿拉斯加以外的那一个正在以兆字节和无数信息的形式涌回，但外岸仍将我们牢牢握在手心。这有限的几十个钟头不够同时容纳两者。我飞速浏览信息，寻找来自家人、朋友和我想念的那位的消息。那天我打了两通电话——一通打给母亲，一通打给乔纳森。听着他们谈过去十多天的日常，我感到在我的林中生活和任何"正常"生活之间存在着巨大的鸿沟。接着我停止打电话，尽我所能地开始专注于为下一轮做好准备。外岸上的大本营 2 号正等着我们。最终，接下来会发生什么——哪些物种正受惠于这一系列变化——将会成为这两个迥异世界的连接点。

第五章　倒数

穿着雨靴，打扮得像渔夫似的我们围着营炉挤成一圈，为裹着水化干酪酱汁的蒸丸子倒数着分钟数，等待可以大快朵颐的那一刻。奥丁唱着约翰尼·卡什（Johnny Cash）的"Folsom Prison Blues（狱鬼重生）"，把"困在福尔松监狱（stuck in Folsom Prison）"一句改成了"困在斯洛科姆臂"。

"我久不见天日，久得无从想起（I ain't seen the sunshine since I don't know when）！"凯特、P鱼和我在雨中高歌。8月2日——我们已经搞定了1216棵树、552株幼树，样地已经完成了27块，还有13块。健壮的奥丁已经掉了十多磅。我给自己的橡胶裤装备加了一条腰带，这令我能更加方便地够到防熊喷雾，还能防止臀部下垂。

雨我们忍得了，但我们需要躲避的是暴风雨——那种能改变森林结构的暴风雨。然而，森林既是动态的也是有韧性的。狂风掀倒树木，在大地上形成一片片风倒区，像挑小棒游戏一样。小树苗钻空生长起来。当一棵百年或千年老树从里到外朽坏而最终倾倒时，林冠层便开了一个口，令光得以照下来，令小树苗得以在朽木上生发，令生命得以重新开始。

原始森林如此有韧性的原因之一是科学家所谓的"反J曲线"。

我初次听说这个词是在凯文的课上。整个夏天我都在寻找它——寻找那个表明北美金柏可能并非注定灭亡的迹象。

1898年，法国森林学家弗朗索瓦·德·利奥古（François de Liocourt）发表了一篇论文，揭示了自然森林的结构。[1]他想要确定通过选择特定大小的树木进行采伐而任其余树生长的办法所能实现的长期最大资产收益。他发现法国东北部各类冷杉林存在着一种共同的结构，并确定了一个数学等式，甚至远至阿拉斯加东南的森林形态都可以通过该式得到解释。在一片健康的原始森林或一片由各种年龄段的树木组成的森林中，树木量和大小分级——以树径分组——的关系保持恒定。[2]德·利奥古的发现成了后来森林学家口中的"可持续"林业的一个早期目标，因为那不多的成年大树最终将可能为一大群苗壮成长的幼年个体所取代。曲线是反J形的，表明存在着年轻的一代，而它们将会成长壮大。一片健康的森林需要在那些垂死大树的阴影间有新生的绿意，仿佛祖辈的膝下奔跑着幼童。

在加州大学伯克利分校，凯文曾将这条曲线画在黑板上，描述其一端数以千计的小树苗和另一端寥寥的参天巨树。科学而论，我能理解这一概念和其背后的逻辑。任何一棵树在其个体生命的进程中都要面对诸多挑战：与其他树的竞争、有限的空间、疾病或伤害。存活下来长成大树的不多。然而直到第三趟奇恰戈夫之旅时，我才真正明白反J曲线分布——或其缺失——对北美金柏事实上意味着什么。

P鱼对着地图上下望望，按下GPS的按钮，好算出这天早晨我们还要走多远才到得了下一个点。我爬上我们的炊事点和一起一落的

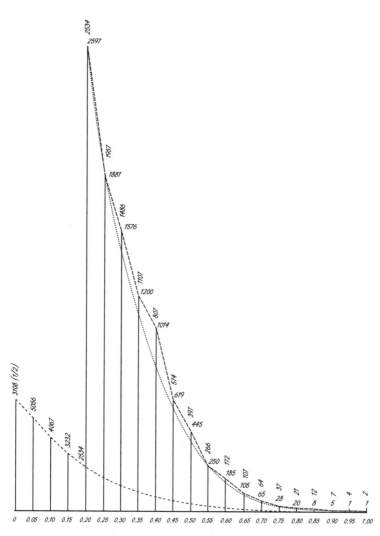

利奥古研究中的反 J 曲线，X 轴为树径，Y 轴为数量。翻印自 François Liocourt，"De l'aménagement des sapinières，" *Bulletin Trimestriel*，Société Forestière de Franche-Comté et Belfort Julliet (1898): 396-409. © Crown Copyright, Forest Research.

寻找金丝雀树

潮水之间最高的那块岩石，高举无线电设备并把音量开到最大。冰冷的水钻进了我发霉的外套袖口。我低头凝望着，四份等大的黄油碎被小心翼翼地安放在我们唯一的一块砧板上。雨水划过那油汪汪、黄澄澄的表面，我开始流口水了。

"大浪，5 英尺（约 1.5 米），"机器人的声音透过嘶嘶声传来，我的手持无线电设备发出的这一每日天气播报是整个夏天唯一一直伴随我们的外界声音。"有风，10 节，午后增至 15，"这是明早的预报。

这一次，我的胃痛不再仅仅是因为饥饿。一想到明天——8 月 3 日，我的 30 岁生日——会在测量一棵接一棵的死树间度过，我便有些受不了。

到第三趟测量之行时，我已经可以拿起任何一张潮湿的样地数据表，扫一眼观察项目，便想象出森林的样子。这是坐办公室的那些科学家少有的经验。回看一眼某棵树的观察记录，我便能得知其树皮纹理，甚至能回忆起某些我们的测量并未捕捉到的特征——它匍匐的根隆起复深入地下，在下部它失掉了一条主枝，树的基部还攀着一株五叶悬钩子。在受到回枯影响的森林中，我不断地寻找着模式和例外——哪些树死了、在森林的什么位置，哪些物种存活下来，而且生长茁壮、高大葱绿，是否某处林分有别处未见的意外之物。当时我所观察到的趋势在后来将借数字得以检验。我所看见的我都努力记住。而我所感受到的——身体的极度疲劳和关于失落和脆弱的最初印象——则一直伴随着我。

"明天天气还行，"我坐在岩石上回头向自己的团队报告。

自乜铎为煎蛋流泪后，又是几个星期过去了，在这期间我们加快了速度，有时一天能完成两块样地。这得靠点运气——风浪的情况要于我们有利，选点不能太远，徒步地形得相对简易，没有风倒树或陡峭的溪床，要测量的是一些大树而不是一大片小树。但这同样得靠技巧。在一天两块的那些日子里，我们配合无间，不再绊跌也不再拖延，而是流畅地——我敢说有时甚至是优雅地——展开着测量。

　　处于死亡中期的样地对实现一天两块构成了不小的挑战。测量这些样地仍然是最费力的，因为其中长着极多的小树和灌木，全都在尽力向上就着光。但那些北美金柏死后历时更长的选点却更简单些——那里的森林似乎已经结束了混乱期。某些种群壮大了，另一些衰落了。紧邻死去的北美金柏高高伫立着异叶铁杉树，而北美金柏已经朽坏，枯枝暴露。铁杉那生机勃勃郁郁葱葱的枝条伸展开来，包围了北美金柏树干，仿佛这些幼树是拥抱着已逝的树成长起来的。我们头顶的林冠已经为异叶铁杉所重塑，一度为羽毛般的雪松叶所填满的空间换了针状的铁杉叶。

　　凯特将脱水干酪酱下到锅里。她卖力地搅拌着，还露出了浅笑，于是大家都知道庆功的日子近了。"那么，有这些选项，"P鱼说，他蹭了蹭长着棕色大胡子的下巴，调整了一下稳稳地夹在红色棒球帽下的铅笔，"再往南有一个我们可以试试的点。划艇到着陆点要走三英里。如果顺利的话，进森林要走的随机距离是半英里。根据选点分类，这个点的新生代似乎相当茂密。可能仅仅是抵达那里就会相当慢，更别提接下来开干了。"

　　在迄今为止最艰难的一程中，我们花了一个小时钻过一片乱林，总共跨越的距离只相当于一个足球场。我经常希望自己要么是只猴子，要么是只山羊，有时甚至需要二者兼是。

"还有什么别的点？"我问道，凯特正在将清汤寡水的奶酪意面舀到我们各人的碗里。奥丁将四堆盐黄油碎分给大家。

"北面还有一片健康林，"P鱼在GPS上按了几个钮，回答道。"划艇过去要近一些，而去到选点的一路也会相当容易，因为没有死树。"他顿了一下，接着提议道："我们可能应当把这个容易的点留给大风天。"

我权衡了一下风险。如果风暴真的会来，那么他的建议是正确的；到时我们会需要这个点来保证至少一天一块样地的速度。

"你的生日，你说了算，"最后P鱼说道，"不管选哪个都能完成。我们已经到了这一步，而且接下来还会有更多的人手。"

我们已经快到终点了。照计划，保罗·埃农会在第二天下午飞来，还会带来两名朱诺林学实验室的志愿者。他们会带一艘名为佐迪亚克（Zodiak）的小型充气船来，装上马达环游斯洛科姆。未来几天，他们会帮忙定位林分跟在我们的样地四围立标旗，这将缩短我们搜寻和立旗的耗时。

我将无线电设备的旋钮转到静音，嘶嘶声停止了，我越过浓雾密布的水湾举目望去。"好吧，我们先去那块健康的吧，"我做了决定。我不想在自己生日那天被北美金柏的死树包围着，奋力钻过小树苗和灌木和刺人参（这种长着骇人的刺的植物有个相当贴切的拉丁名：*Oplopanax horridus*）。这一决定意味着赌天气——赌我们另一天能完成另一块样地，但这也是我能给自己的生日礼物：在生机勃勃的北美金柏之间过上一天。

我想知道母亲那天在做什么，父亲最近几天、几周甚至几个月又在做什么。晚餐后我溜到一边，打了宝贵的几分钟卫星电话，又拿自己的电话查收了语音信息。母亲、哥嫂和我加州的朋友们都发来了生日问候，却没有乔纳森的消息。我想念他；他本可以和保罗一道乘飞机过来给我们帮几天忙。我一直在倒数着日子，渴想着见到他、渴想着走出斯洛科姆重回自己的生活。晚上睡觉时，我头枕他寄来的 T 恤衫；T 恤是包在一个密封塑胶袋中寄到锡特卡的，我一打开密封条，他那甜甜的气息便涌了出来。

"你说'做不到'是什么意思？"仅仅在一趟旅途、一次补货之前，进展到第十二块样地时我曾在一通卫星电话中问过他。卫星的时滞令人难以分辨那长长的沉默的原因是在人还是在技术。"是说没法和志愿者们一起过来外岸吗？"我明确道。

"我说做不到。"长长的停顿。"是指我们。"我的心沉了。为什么？因为我离开太久了吗？还是有别人了？我会回来的。我保证。我想说的太多却一句也说不出口。我抬起头来，看到一只棕熊正朝我走来。

"我得逃了。有熊。"我说着，右手握住卫星电话，将双臂高举起来。

"嘿，有熊。嘿——有熊啊。"

我坚守阵地，避免眼神接触。熊靠后腿支撑站了起来，扬起硕大的口鼻，发出了嚎叫。不远处的海滩上传来奥丁、P 鱼和凯特的高喊。熊向着我迈了几步，接着转身退入了森林。那天晚上钻进被窝之前，我们在营地四围的树林间大喊大叫，把锅子敲得咣咣响，努力确定我们的领地。这一招奏效了。

"乔纳森本该明天飞来的。"我想着。这仍然令我有些伤心。

奥丁递给我一碗盖着黄油的奶酪拌饭，在我们有限的晚餐选项中——蒸丸子、藜麦、意面，配菜要么是番茄，要么是奶酪，要么是粉状咖喱酱——这是最好的了。

我双手紧捂着温暖的铝碗，然后说，"我想待在活树中间。"

"当然！"凯特赞同道。

"我们再过一个半小时就睡吧。"我说。

"寿星为大。"P鱼宣布道。

"不过等干了这瓶威士忌再睡。"奥丁添上一句。他从我们的防熊金属盒子的深处拽出一个瓶子。

我希望在健康的森林间过上一天后自己能不再去想树木死亡、温度上升和自己失去的爱。我想着至少该有一天能让我沉浸在周围的美好中：座头鲸在海中缓游，群鹰在空中翱翔，而活泼泼的北美金柏树那弯弯的枝条在风中轻摇。

"我想我们该有个无气候变化日。"我说。

"呃，你的意思是？"凯特问道。"就，有点儿太晚了吧。"

P鱼笑了起来。

"就类似这24小时内我们不谈它。我们尽力体验一片美好的森林就好。这也不可能吗？"我说。

"哼"奥丁一边挠着前臂上发痒的北美刺人参扎伤，一边咕哝了一声。在样地中工作时，凯特、P鱼和我都是伸长着脖子对付上层树木，而奥丁却总是测量低矮处那些小型植物——其中一些仅有几厘米高。因为不停地拨开绿叶统计树苗，他的手都肿了，而且伤痕累累。

"试试吧。"他说，指了指一头正盯着我们的海狮。

这是第三趟测量之旅，我们把营扎在靠近斯洛科姆臂北端的一个岛上。岛很小——可能不过几英亩——但我们叫它"我们的小岛"，并且确乎感觉它像我们的小岛一般。我们刚上岛时便绕岛走了一圈，又走遍了岛内各处，检查有熊没有。怀着一种虚假的安全感，人人都说相比之前我遇到熊的那个营地，在我们的小岛上睡得更好了。只有冒出水面来换气的海狮发出的"噗"声偶尔会打破夜间那怪异的静谧。

第二天早晨的徒步相当容易，而这并非因为我们变得更强更敏捷了。我们无须躲避茂密的蓝莓和璎珞杜鹃（menziesia）灌木丛，也无须在挤挤挨挨的云杉和铁杉树苗间艰难前行。厚厚的地衣在我的脚下织成了一幅柔软的毯子。

我带队。我们交谈不多。我们前进迅速。我手举 GPS 设备，跟随上面的小小箭头在树木之间穿行，直到抵达一处新样地的中心。

我曾指望那天能在一座原始森林的郁闭林冠下、在北美金柏树叶的荫蔽下展开工作。我曾指望记录到北美金柏幼苗的测量数据，指望统计到比通常情况更多的树苗。我在那天的日记中写道："我原本计划在今天测量那些我以为最壮跟最好的……"

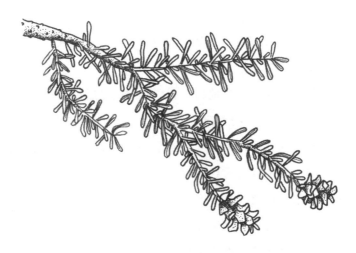

异叶铁杉（*Tsuga heterophylla*）

我指望找到那条反 J 曲线、找到那种健康的种群结构——从一端的许多小树苗逐渐过渡到另一端的老树。但在那儿我们没有找到。

"北美金柏，牌号 972。"P 鱼高声说。他取出一个 25 分硬币大小的金属号牌，用钉子穿过牌上的小孔将它钉到树上。

"胸径 59.6，活树。"他接着报告道。

我仰头望向高处的树叶。树叶是绿的，但没多少。"百分之十，"我说。"活着，但活得不好。"

我们接着测量了旁边的一棵铁杉，然后来到下一棵北美金柏前。

"北美金柏，牌号 974。"他又钉了一次号牌，金属相撞，声音回响不绝。

"胸径 51.8，活树。"

"百分之四十，"我说。"这棵的树冠只剩百分之四十了——好一些但仍然不太好。"

看来甚至那些"健康"的北美金柏样地也并不那么健康。我们说好了——不谈气候变化，我想着，并没停手。

我将三脚架放在森林样地的中心，好拍摄之后用于估计光照的相片。那个夏天我已经拍摄了将近三十张这样的相片，画面上多是死树。我仰望着那翠绿的林冠，将180度的原始森林收入鱼眼。按过多次快门后，我仰起头，用自己的双眼凝望林冠。

我闭上双眼，在黑暗中暂停了片刻。

再次睁开双眼时，森林仿佛正在时间中飞速前进。我想象着北美金柏树的残叶由绿转黄，再转锈红，转褐，并落在我脚边的地上。我想象着光线透下来，而头顶光秃秃的枝条向天高举。然后我看见了那棵铁杉树，数十年后它高高伫立着，拥抱着死雪松的骸骨。

雨住了。我们早早完工，在地衣上躺了下来。我们记录到的数据令我困惑。在乘船调查时这一林分似乎是健康的，但我们在树林内的经验和样地数据都表明并非如此。奥丁在他的样方里数到了一些极小的北美金柏苗，但没有我期望的那么多。还有一些北美金柏树已经死亡。

"可能那属于正常死亡——普遍死亡率（background mortality），"我想。

树木死亡是所有森林的正常现象，正如人的死亡是人群的正常现象一样。人口学家以寿命表所描绘的和生态学家在森林结构中所观察到的相当类似。对于存在各年龄段树木的一片森林，德·利奥古的计算帮助人们形成了一套确定其预期树木死亡率的方法。所以"正常"的北美金柏死亡即在不发生气候变化的情况下也会出现的死亡。

样地里确实有活着的北美金柏——有些还相当大——但其树冠在任何科学家那里都远远达不到丰满健壮的分类标准。有些什么并不"正常"的情况。

"这一情况是否正在蔓延？这些树还剩多少时间？"

"没有北美金柏幼树吗？"我问道，我注意到数到的幼树全是异叶铁杉和云杉。凯特换成胎儿式的体位，蜷成一团，仿佛一只准备打盹的小猫。奥丁正翻阅着那本波加植物书。

"没有，"P鱼确认道。"我们来的一路上见到了十来棵，"他说，"但样地里面没有。"他正坐直拿刀削着铅笔。我继续盯着那些数据。

"我明白，有点儿怪。"他加了一句。

"可能是因为鹿。"我说。众所周知驼鹿会来吃北美金柏幼树的嫩叶。"但如果大树受到胁迫甚至可能正在死去,而小树又不够多——"我说到一半，打住了。

我们说好了——不谈气候变化。

"你们听到飞机声了吗？"奥丁一面把卷尺塞到背包里一面问道。我把风帽放下来侧耳细听。飞机正从内陆一面向我们靠近，这是飞行员们在相对晴好的日子会走的路线。我小心地把数据表叠成一摞，装进一个金属保护套中。

"是保罗他们，"凯特挺直了身子说道。"他们到了，我们走吧。"

就科学而言，我相当确信年代序列是行得通的，我确信我们正在用数字捕捉时间中发生的演替，捕捉一个关于死亡和重生的故事。但在我们测完奇恰戈夫岛后，我还得再往北测量那些健康林分。如果横断面上存在反J曲线，我确信必然是在那里——在冰川湾的外岸，那里冬季有降雪，春季积雪存留时间也可能更长。在社会中，长者的过世会带来生者关系的全面变化，我看到这一点对植物同样成立。这是气候变化下的一种全新的动态森林：森林中的各树种既彼此回应，也回应着变化的生存环境。

我看得出顶替老树位置的幼树数量不足。在受到气候变化影响的森林中，这些柏科植物前景黯淡。顶替它们的是那些能够最大限度利用新环境的植物。森林会活下来，而其群落形态会改变。没错，正如我在自己的日记中所写，为死去的北美金柏包围令我"感觉失落"。我注意到这是因死去的北美金柏而生的失落感，而非为拔地而起的铁杉而发的欢欣。包括我在内的人类反应更多取决于价值，取决于我们的所用、所需、所爱，取决于哪些我们能争取，哪些我们必须放弃。

即使北美金柏为铁杉取代或者地衣让位于草地又有什么关系？即使橡树蕨因为荫蔽变少而消亡、蓝莓生出枝来迎接阳光，又有什么关系？

这些都是我无法回答的问题。我的样地测量还远未完成，但我已经开始思考自己下一步能做什么了。研究的下半部分开始在我心中渐渐成型。

我们划艇回到南面的小岛，一面划桨一面越过斯洛科姆臂远眺卡兹岛尖。凯特站在艇头拍了几张快照。斑海雀像打水漂一样掠过水面。在南面死去的北美金柏之中我们很少见到它们。

我们还有十二块样地要测，接着还要去北面国家公园测量十块——但要等一年后了——以获得完整的年代序列，但我生日的这一天，我将注意力从植物转到了人身上。

　　　　　　　　　　　　　　寻找金丝雀树

格雷格·史翠夫勒自始至终都领先我好几步。"北美金柏是保守主义的典范，"我们在古斯塔夫斯的小木屋外见过第一面后不久他写信告诉我。"它们生长缓慢，繁衍不多，一旦站稳脚跟，就会使出各种各样的化学和物理武器坚守领地。当然，一旦它们被挤到一边，合唱团里那些更活泼的成员们就会起来高喊哈利路亚！既然说北美金柏在一些占了先的地方压制了这种活泼，那么它们的价值又是什么？它们的价值可能和人类社会中那些年长的智者类似。"

我的数据将表明那些起来顶替了北美金柏的"合唱团里更活泼的成员"到底是哪些树种。但能回答"这又有什么关系"只有那些我尚未得见的阿拉斯加人，只有那些伐木工、博物学家、当地织工，只有那许多利用并珍惜这些北美金柏的人们——那些最了解它们的人们。

我们稳稳地划着桨，从 28 号样地向营地返回，"鲸"的艇首划开逆风涌起的白浪。我融入了划桨的节奏，心中开始形成一份全新的访谈问题清单。

"你想到北美金柏树正在死亡时是什么感受？"

"这些树的死是否改变了你利用森林的方式？"

我们陷进了一片牛海带（bull kelp）中，它们长长的分枝扭动着，拍击着船体发出巨大的哐啷声——这些巨型海草鞭子的一端还长着一个球状物。我拽着方向舵的绳子将之提上水面。从海带间解放出来后，我们继续前进。

"这一回枯对你是损失吗？仅仅是损失，还是也意味着机会？"

当小艇在我们的小岛边靠岸时，保罗·埃农正等在那里，脚边是一件 24 听装的雷尼尔（Rainier）啤酒。这是埃弗里（我们进行航空调查时的飞行员也是他）留下的礼物。

"埃弗里说你是他在奇恰戈夫放下的唯一一位穿裙子的女性。"（扎营的日子我喜欢在羊毛裤外穿一条尼龙登山裙。穿橡胶裤我总是被汗湿透，而透气的裙子能令背着装备走过岩石和海滩变得轻松一些。）

"你看起来比上次见面时憔悴了一丁点儿。"他加上一句。我走下"鲸"来，脱下套头救生衣。

"我就当这是恭维了。"我说着，给了他一个大大的拥抱。

那晚有雾，还下着毛毛细雨，我们七人围着一堆闷闷地烧着的火坐成一圈，把（速食的）布丁洒在保罗妻子做的手工小甜饼上。大家讲了许多故事，有喜有悲——我们如何头一次一天搞定了两块样地，如何在某一趟旅途中耗尽了食物，如何在某天早晨粗心大意地钻进了一个废弃的熊洞，如何发现了一棵胸径达 6 英尺（约 1.83 米）的云杉。奥丁讲到，有一次英柏斯蒙了雾没法测量，直等到太阳出来我们才复工。P 鱼回忆起了海中的那些逆戟鲸。凯特则想起她有天夜里噩梦连连，梦中帐篷里她摸到的每一件东西都是湿的。在我们举杯前，奥丁往海滩上洒了一滴威士忌——这是献给大地的，他最初见识这一传统做法是在西伯利亚。

那晚入睡前，我的肚肠感到这几周来前所未有地饱足，但我的心却是前所未有地孤独。我们分手了，乔纳森没有同保罗一道乘机前来——这一切都令我感到自己的生活已经献给了科学和那些死树，但为了什么，我却还不确定。

"今天我们完成了不可能的任务，"乜铎在自己 8 月 17 日的野外日记中写道。"我们完成了 40 块样地！……奥丁测完了他最后 8 块下层样方……保罗量完了最后一棵树的 DBH，钉了最后一块号牌……奥丁和劳伦取了最后一批树芯，而我用英柏斯测了最后一次树高……我们做到了，老天，我们做到了。"

查理船长分秒不差地接到了我们，我们顺着奇恰戈夫外岸行船——这是那个夏天的最后一次。我坐在船尾凝望着卡兹岛尖。在我的注视下它越来越远，消失不见了，仿佛剧终帷幕放下——我们的剧落幕了。我们尽自己所能地演好了各自的角色，然后，就像剧终落幕一样——一切结束了。

重回正常生活并不容易。我需要休整，但有一部分的我却想要径直回到林中。我一度放手，离开了加州的生活和爱情，我思念家人和朋友，但那些被压缩到只剩活着和科研的日子却有一种令我宽慰的简单。

回到锡特卡后，我们上午睡觉，下午清洗装备。我一言不发地理着头绪。后来斯坦福的一位医生告诉我这一状态类似某种"创伤后成长"——经历重大挑战所导致的一场思想上和认识世界的方式上的心理变化。

8 月 23 日，凯特和我把行李装到查理船长的卡车上，去森林局的简易宿舍接了两个男生，然后向渡轮码头进发。我带着一背包树芯上了船，雪松的气息被风吹开，萦绕在我的身后。我在船顶的日光室打开自己的睡袋和靠垫。引擎隆隆地响了起来。我脚下的地板微微震动。从内湾航道吹来的冷风令我暴露在外的双颊感到了寒意。我缩在自己温暖的窝中，一只手放在心口上睡了过去。那天抵达朱诺前，我在日记中写道：

> "你在野性之物的腹内。"
> "就是仍存的荒野的母腹。"

下渡轮时我脚步不稳，精疲力竭，仍然有些恍惚。现在又做什么？

寻找金丝雀树

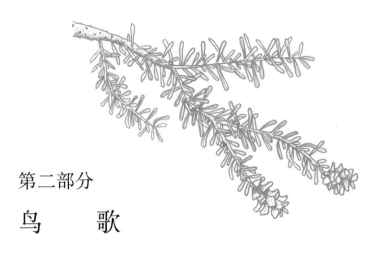

第二部分
鸟　歌

如果你无法领会一棵树或一丛灌木的所为，
那你必然已迷失。伫立吧，森林晓得你的位置。
你须让它寻见你。

——大卫·瓦格纳（David Wagoner）

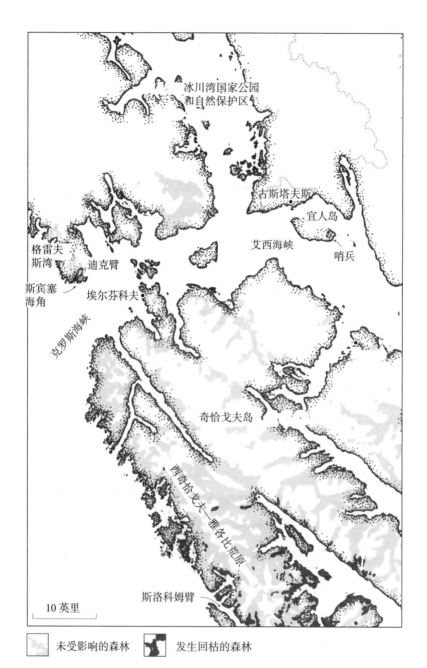

冰川湾国家公园
和自然保护区

古斯塔夫斯

宜人岛

艾西海峡

哨兵

格雷夫
斯湾

迪克臂

斯宾塞
海角

埃尔芬科夫

克罗斯海峡

奇恰戈夫岛

西奇恰戈夫—雅各比荒原

斯洛科姆臂

10 英里

未受影响的森林　　发生回枯的森林

第二和第三部分中出现地点的详细地图。我与国家林业局的研究者们进行的
航空调查表明：奇恰戈夫岛北部、冰川湾国家公园和自然保护区的森林相对健康。
因而与第I部分的地图不同，这张地图上未受影响的区域远多于受影响区域。

第六章　欣欣向荣

　　这一剧终并非真正的结束，只是两幕剧之间长达十个月的幕间休息。我在加州度过了这十个月；这段时间的开始是孤独，随后是单调。在锡特卡时我给乔纳森去了一封信，要他把我的东西打包装进我的车里，再把我的车开回我家。到家时，我小小的蓝色斯巴鲁停在那儿，灰扑扑的，盖着一层落叶，它启动很慢，还没从几个月的冷落中恢复过来。我忙前忙后，用在阿拉斯加不可能实现的各种事塞满了整个秋天——享受新鲜蔬菜，在和煦的阳光中骑行，盖着干爽的被子在棉质床单上睡长长的觉。森林曾要我使出全部体力，而此刻应对数据则需要强大的心智。虽然有一队研究助理协助，但甚至仅仅将全部测量记录输入数字资料库就花了好几个月。而接下来要检验我在奇恰戈夫见到的那些模式、要运行数据分析还得花上好几个月。

　　最终，40块样地（240块地被层样方、800多株幼苗和1700多棵大树）完成后，我还需要获得靠近冰川湾处海岸的那些森林的数据——至少得再测10处。三月到了，我仍然只有半个人在加州，我一面要处理数据，另一面还要设计一地的采访，并计划另一地的野外后勤。我计划将第二幕剧放在国家公园，并在奇恰戈夫安排一场加演：

我和自己的团队到时要掘出在那儿留了整整一年的测温仪器，下载数据并更换电池；接着，别的团队成员离开后，我还要多待几周，给我的访谈开个头。我已经迫不及待地要完成测量、开始倾听了。

于是 10 个月后，当六月天气窗打开时我们又干了一场。新舞台上偶有替角上场，但基本上那还是先前那套演员。P 鱼说他下了决心，一定要拥抱我研究的每一棵树（并且测量其胸径）。乜铎说她感到自己手上的年代序列似乎尚有缺憾。她渴望见到大片蓬勃的北美金柏树，并举双手赞同冰川湾外岸正是我们所需要的。奥丁原本也想回归，但奇恰戈夫之行后他回了研究院，那个夏天他有自己的野外研究。一位植物学家顶替了他的位置，他名叫托马斯，相当安静、满怀抱负。我们的工作将在两条峡湾展开：一条是迪克臂（Dick's Arm），一条是格雷夫斯港。

我们的第二次岸线调查将乘坐扎赫（Zach）船长驾驶的"金牛"渔船（FV Taurus），这次往北走得更远。迎面而来的不再是卡兹，而是斯宾塞（Spencer）海角——在这一堆伸入克罗斯（Cross）海峡的岩石四围，潮水拍岸，风吹得浪头高起：这是群岛和蓝色大洋之间又一场狂暴的相会。我们只有当潮水在涨落之间蓄势待发而暂时平静的间隙才有机会绕过海角。

2012 年 6 月 22 日，我们向海岸进发的前一晚，洛丽·特鲁默（Lori Trummer）在古斯塔夫斯的家中接待了我们一行人。古斯塔夫斯是通往国家公园的大门。洛丽是保罗·埃农的朋友，而最初几天保罗会再度加入我们。晚餐时格雷格·史翠夫勒来了。我们一面吃着意面一面交谈，我的队友们都吃了超大份，预备着再度进行我们亲切地称为"外岸减肥营"的远征。保罗打印了一张采样点地图——他正在开展一项北美金柏基因研究，需要在群岛各处采样。填了色的地形图上叠加着格网，已经采过样的那些网格打了叉。除了我们要去的国家公园区域外，几乎所有涂成黄色的雪松网格都已经打上了叉。因此第一天托马斯会和林业局的另一位员工一道采集树叶，而我会带领团队其他成员乘扎赫船长的渔船进行岸线调查。

青苔沼泽边的北美金柏，近格雷夫斯湾。

一周之前，保罗、我以及另一位研究员达斯汀（Dustin）刚在斯宾塞海角以北的岸区作了一趟飞行。我们进入国家公园，飞过其中的林地和冰川，在 330 万英亩的土地上搜寻北美金柏，寻找那些健康的树、死亡的树和将死的树——寻找任何胁迫迹象。

"可能我们到头来还是能找到反 J。"我想着,好奇那些我们从高空中测绘的森林走到内部看起来会是什么样。顺着蜿蜒的冰碛线飞过冰区时,我暂时放松了一下双眼。一旦再次撞见绿色,我便眯起眼睛,和保罗一道寻找雪松那独特的树形。

"那边会很冷,"我通过耳麦说道,"肯定比奇恰戈夫冷得多。"

我们在安全允许范围内尽可能地低飞,用一套实时跟踪系统记录观测到的情况。基于公园北侧的航空调查,我们绘制了第一份雪松种群的详细地图。

林业局的一位生态学家曾告诉我们,格雷格可能是唯一一个对这一带足够了解而能够对我们两天飞行的测绘成果和其他航空、野外研究及历史记录观测进行比较的人。而告诉我当地的风浪情况以及我获准开展研究的两条海峡中哪些位置可供扎营的也将是他。来洛丽家时格雷格还是穿着羊毛背带裤,他一面吃一面望着地图思考。他问了些问题,接着确定了哪些区域他见过、哪些他猜可以。

因为有别人在场——保罗·埃农、洛丽和伴侣,还有我饥肠辘辘的队友——格雷格和我只谈生态和后勤。没有哲学。没有意义问题。在人人都聚焦于树的当时,这似乎是种尊重,可能也更轻松些。他继续扮演自己的角色,充分调动他数十年海岸生态研究的经验,仿佛科学是唯一重要的事情。

我烦躁地摆弄着腿上的餐巾,回想起他那些不依不饶的问题:北美金柏是否是我的缪斯?我回答了雪松死后森林将如何演变的问题后又会做什么?我是否仅仅是又一个观测一个物种直到其灭绝的科学家？

我也有问题要问他。这些问题此刻更为正式了——对措辞进行了推敲，以用于我下一阶段的研究。在处理植物数据的同时，我花了几个月时间研究并制订了一套正式访谈程序。

"回枯是否影响了你对森林的使用？

"你是否因为从中所得的而感到某些雪松林相当重要？

"在健康的和受到影响的森林之间这些所得是否有区别？"

这些问题在那天的晚餐上我一个都不打算提，但我已经决定只要格雷格愿意，他便会是我将在"试验阶段"采访的众多人之一。我曾用了一个星期跟保罗和凯文在奇恰戈夫上笨拙地试验各种研究方法，与之类似，这一试验阶段也为社会科学家提供了一个确认什么方法奏效、什么方法无效的机会、一个在花几个月时间坚定不移地问同样一些问题之前进行修改的机会。研究者跟学者对"森林回枯"这样的说法的理解可能与住在森林边上的某人完全不同。因而试验不仅仅在于改进调查主题和问题类型，也在于调整提问"方法"。这是一项寻找语言中的共同基础的工作，这一过程最终将令我得以把握长达数小时的谈话录音，确定其结构。

我计划做 45 到 50 场访谈，并在第二年春天回到群岛时进行，访谈对象尚待确定。但那天和格雷格坐在晚餐桌边时，我已经知道我会采访遥远森林边那些小镇上的居民——小镇所邻的森林中需要既有北美金柏活树，也有死树斑块，以便我能就两者提问。我也已经知道我需要寻找代表着各种森林利用方式的访谈对象。这一策略被科学家们称为"强度取样（intensity sampling）"——其选择的是对于研究关注的现象信息量丰富的个案，这意味着我会与靠北美金柏吃饭的伐木工们交谈——而利用北美金柏树干的当地雕工们、利用其树皮的织工们、部署木材销售并设计保护策略的森林管理人员、猎鹿人，还有科学家和格雷格这样的博物学家也都会是我的访谈对象。[1] 我预料到有些人看重这些树会是因为其木材——因为钱或采伐活动带来的直接用途；我也想到另一些人是看重北美金柏的存在——仅仅是在那里生长着，其原因当时的我尚不了解。我计划通过所谓的"雪球取样（snowball sampling）"找到这些人。一个人会把你引荐给另一个，另一个再把你引荐给另一个，依此类推，直到这雪球滚下山，变得越来越大。最终你会获得一幅包含了多重视角的画像。

格雷格把那张画满了叉的群岛地图翻了过来。他画了个椭圆，标上"岛"字，接着在一处海岸线上标出了我的目的地："格雷夫斯港"。

"这儿有个不错的扎营地。"他说着，画了个箭头。接着他又画了个圆，疾笔给它加了点毛，在边上写上"坏·熊"二字。他刚从我们的目的地回来——他去那儿是为一项考古研究踩点。

"这里有头领地熊，很大。它有点儿瘸，脾气相当暴躁。"

"记下了。"我说着，把地图接了过来。还有 10 块样地，接着我就回来。我们要谈谈，真的谈谈。我保证。

有一头大象坐在我俩中间——格雷格和我谈着植物生态学，仿佛这是唯一重要的事，而在格雷格离开前，我唯一能暗示那大象存在的便是保证自己会回来。

谈话渐渐止息，格雷格从桌边站起身来，看上去不尽满意。

"我们9月再见——可能更快。"我说。

"到时见。"他确认道。他没有等甜点上桌就离开了。

"让我们祈祷出太阳吧。"那晚大家上床前P鱼说。

"这次可别祈祷出太阳,"我说。"一出太阳就会刮西风,格雷夫斯的掩护可不比斯洛科姆。要祈祷就祈祷下雨起雾,但也别太多。我们需要中间天气。"

"行吧,那就祈祷风平浪静吧。"P鱼明确道。我把自己的睡袋摊开在地板上。

"别出太阳!"我说。

在第二天的日记中乜铎写道,"我们仿佛从未离开"外岸。我们毫不费力地开始了同一套例行公事:"从船上卸下行李,选择扎营点,寻找食物贮藏点,支起帐篷,铺上防水布,挂上防熊袋。"第二幕也有一些设备升级——我们配备了一支为防熊准备的泵动式猎枪——对付我们接下来可能遭遇的体形更大的熊,这要比手动式来复枪管用得多,还有一套防熊电栅网,托马斯拿它仔细地绕了我们的帐篷一周。

"这管用吗?!"他说着,举起几根轻飘飘的塑料杆子和一轴白线似的东西。这是些裹着塑料外皮的电线,会连接到几块D形电池上。

"看着跟给熊用的牙线差不多。"乜铎抓着线轴宣布。她查看起那些扁扁的电池来。

"这能管用?"她说,"我的小手电筒上用的也是这玩意儿。嘿,就拿这电熊?"在来的船上我们已经看到过一头带着两只幼崽的母熊。

"我也有些怀疑,"我承认道。"但我看了些油管视频,食物拿这东西围住后那些灰熊只能在外面走来走去干瞪眼。研究熊的那些生态学家都指着这东西赌咒发誓呢。"

"大概能让我们睡得好些，"她说。"你知道的，就安心点。不管怎么说，我没意见。"她把线轴递给托马斯，他便开始绕着我们的领地钉上一圈固定电线的桩子。

走进我们在格雷夫斯港的第一块样方时，我想到了约翰·考维特——我那天堂咖啡馆外伫立于雨中的朋友、那位死于车祸的森林统计学家。我不知道是因为在墓场那几个月积累的经验，是因为自己生日那天期待的落空，还是仅仅因为终于见到了一片既有北美金柏小苗也有参天大树的森林，那一刻我理解了他的景仰。头顶的林冠让我想起一座有着彩色玻璃穹顶的礼拜堂或圣殿——满眼是深深浅浅的绿，细枝划过这青葱的背景，仿佛镶嵌画上的线条，绿叶的缝隙间露出白色的天来。

我站在样地中，靠着我们的中心桩，将一只手放在一棵北美金柏的树皮上。"52，也可能有 54。"我已经测过了太多棵树的胸径，甚至可以通过目测得出与 P 鱼报告的数字相差不过几厘米的估值。我收回手来送到鼻下，片刻的触摸所留下的甜甜的气味还没有消失。乜铎和我发现了一棵柔嫩的幼树，我们兴奋得一屁股在树旁坐了下来，就那么待了片刻。我用指尖轻轻地拍了拍小树的尖梢，这株小小的柏棵植物的枝干颤动了一阵，如羽翼一般。

"它们真软呐。"乜铎轻抚着北美金柏叶说。

"我要是鹿的话也会把它当成森林里的首选食物。"我回答道。

"当然。"

P鱼说在满是生机勃勃的健康北美金柏树的森林间干活跟奇恰戈夫相比就像在度假。林地下部开阔，上部茂密，毫无过渡期群落的混乱。没那么多要测量的，一天拿下一块样地毫无困难。唯一的困难是严寒。布雷迪（Brady）冰川虽然看不见，却能感觉到。这块有罗德岛大小的冰就在海峡的另一边。

　　"雨已经下了整整48小时了，一点儿不夸张，"第四天，乜铎在日记中写道，"我开始想起长期处于不适状态是什么感觉了。"几天之后她写道："如果今天有什么值得一提的，那就是冷。我是说真冷啊。我难受到可以缩成一团死掉了……我的全部注意力都放在我觉得有多冷上面了。得练习转移注意力。"

　　在森林里时，我已经开始在橡胶裤和戈尔特斯外面套上救生衣了——它厚厚的泡沫是我唯一能想到可以加在身上保持核心温暖的东西。进入森林时，我会将救生衣拴在背包上，一抵达当天工作的"办公室"便穿上。我穿着亮橙色的渔夫裤，手拿速记板，套着浮水装备从一棵树跳到另一棵——这副模样必定相当滑稽。但这奏效了，多多少少。

　　"来海啸的话，我已经做好了万全的准备。"在最冷的那几天我一边扣上搭扣一边说。

　　"这些树看上去要高大得多、健康得多，也开心得多"；"相比去年夏天几乎没什么断枝。"乜铎在日记中写道。她每晚都在被窝中记日记。大多数晚上，我们睡前的讨论话题都是奇恰戈夫和我们已经走过的地方而非前方有什么。公园中的森林令我们瞥见了那些墓场的往昔。

第六章　欣欣向荣

我们从没真正见过那头领地熊。相反，我们在公园内遭遇的最大意外是一片密到不得不双手开路才能艰难通过的北美金柏林。我得到了我要的——用于年代序列的、10块看似健康的"控制组"样地。

出最后一趟工那天清早，我又多加了一层——我穿上了扎赫船长留给我们的潜水服。作为对我们调查的最后一条海峡的致敬，我游过了迪克臂。水冷到我无法把头伸下去，差不多游到一半时，我觉得心脏要停跳了。当我的手触到岸时，我跌跌撞撞地站了起来，然后沿着沙滩开始小跑，好暖和一些，隔着海峡传来了队友们的欢呼。回营时，托马斯和P鱼已经为我准备好了咖啡。

"结束了也就落幕了，"托马斯说，"我们为这些森林献出了一切，但也就如此而已。"我们在古斯塔夫斯道了别，分手有些不自然和空洞，而这成了历时两个夏天的50块样地测量工程完结的标志。

我们在野外保住了彼此的性命。

我安放的那些测温仪器后来表明公园冬天下过雪后便一直积着雪。这层隔热棉被的存在使得温度很少在冻融之间波动。这里的春天比奇恰戈夫来得晚。我们在第二幕中冻得百骨打颤，但北美金柏树也正是赖此而活，但我后来的研究表明，未来的进一步变暖也将威胁到它们。

在发生北美金柏树死亡的植物群落中，树种相互作用及与环境互动过程的一系列特征部分决定了哪些植物会在什么时候和什么位置生长良好。[2]借助我们收集到的数千份测量数据，这一谜题已经得到了解答。比如，借由这些特征可以确定哪些植物会争取光照，哪些会因

寻找金丝雀树

增加的光照而枯萎，从而对环境的剧变表现出不耐受。

早在人们真正开始关心起变化速度之前，查尔斯·达尔文便提出了"适应"这一概念，用以描述生物体如何进化得更适合自己的栖息地。[3] 1859年他出版了《物种起源》一书，基于从世界各地收集到的证据，他提出了种群在数代之间通过自然选择实现进化的理论。但在研究人们如何适应气候变化时，我所想的不再是历时数千年的进化过程意义上的适应。我想知道的是人们如何确定我们此刻、今日和明天能做些什么。

能让一个"人"在一个高速变化的世界生活良好的特征又是什么？可能并不存在生物学意义上的特征，但却存在一些人人不同的特质和状态。无论如何，这便是从海岸回到镇上时我想要搞明白的。

根据我已有的森林观察经验，在北美金柏死后掌局的似乎是异叶铁杉。曾经广泛分布的地衣和羊齿植物减少而灌木苗壮生长。我想如果把人也算作这一生态"系统"的一部分、算作自然的一部分，那么视乎利用和重视森林的方式，可能一些人已经找到了最大限度地利用灌木和异叶铁杉的方法。另一些可能只会受损失。我好奇一些下层植物的增加是否会给鹿提供更多的食物。为适应这一正在形成的意外环境，我猜人们不能只看到消极影响，也要看到一些人用以尽力在森林中维持平衡的策略。

那年的大部分时间我都待在加州，研究是什么令面对变化的个体采取行动，并读遍了我所能找到的所有相关科学文献。

研究生安雅·科尔穆斯（Anja Kollmuss）和她的教授尤利安·阿吉曼（Julian Agyeman）2002年的论文"留心沟（Mind the Gap）"

是环境教育和行为变化这一发展中领域里最具影响力的文献综述之一。论文阐述了存在于对环境问题的认识和研究者所谓的"亲环境行为（pro-environmental behavior）"——为解决废弃物问题进行垃圾回收、为对抗干旱而减少用水之类的行为——之间的令人困扰的鸿沟，而这成为了我即将开展的工作的基础。[4]

我了解到，这一鸿沟已经让心理学家和行为科学家苦思冥想了数十年。他们想知道既然已经越来越清晰地认识到人在环境问题的产生中所扮演的角色，我们为什么却仍然不行动。对于改变了自身行为——比如选择减少塑料垃圾——的个体，他们也想弄明白这些人为什么会做出改变。20世纪70年代初的研究者认为，如果他们能回答为什么，能找到那一个或多个激励要素，便可能帮助解决塑料废弃物或水污染这类环境问题。

我想这对气候变化也成立——在其间个体和集体的行动同样能帮助人们减轻冲击跟实现适应——不是达尔文意义上的适应，而是气候变化专家所谓的为适应实际或预期的气候及其后果进行的调整过程。[5]我还不知道"调整"在真实的生活中会是什么样，其科学定义本身也还未确定。[6]但我相信这些海岸森林的新动态将不可避免地波及那些熟知它们的人。可能他们与树的关系和彼此间的关系都将发生改变。可能当知道其成因后，他们会更迫切地想要去做些什么——去做任何事——以应对气候变化本身，因为这一看似抽象的变暖过程正在自己身边产生着真实的效应。我那初生的希望便在于此。

科尔穆斯和阿吉曼的综述重点提到了对知识和行为间关系的一些早期假定：知识（K）可以导致人对环境问题形成一定的态度（A），

而这一态度继而会带来行为（B）上的改变。研究者称之为"K-A-B"模型。但其后的数十年间，这一简单的知识–态度–行为模型失效了。日增的环境意识并未改变人们的行为。于是研究者们进一步发现了许多其他影响行为变化的因素——如人们认识环境影响靠的是间接了解（如通过学校或媒体）还是直接经验；他们是否关心环境问题；他们是否感到自己能够应对环境问题；以及他们对受影响的地区是否有某种程度的依恋。[7] 毕竟心爱之物人人都会维护。

当时的我相信，如果那些利用并重视北美金柏的阿拉斯加人已经找到了在树木衰落的情况下继续前行的方法，他们的秘密便藏在由 K-A-B 模型和科尔穆斯与阿吉曼所梳理的其他许多要素所构成的复杂网络间。我会尽力去发现我所采访的个体对那些正在死去的树及其死亡原因了解多少。我会通过提问了解他们的态度。他们关心这些树的死跟死因吗？他们在乎吗？为什么？我会探索这些阿拉斯加人是如何利用跟如何看待森林的，以及这一动态将会如何改变。他们是否已经采取了一些新行动？他们对森林的利用方式是否发生了改变？发生了怎样的改变？他们能应对吗？为什么？通过最终完成的访谈，我将在答案中寻找某些模式，并检验知识和行为之间的关系。

在测量那 50 块样地的两年中，我感到过恐惧和脆弱，怀疑过自己能做什么，景仰过、失落过，在无尽的消极影响中寻找着积极的变化——直到后来我才明白，我的所有这些经历也可以成为我研究的另一项访谈主题。

阿拉斯加蓝莓（*Vaccinium alaskaense*）

九月初，我又见到了格雷格，他还是在劈柴，跟两年前一样——当时我坐在桶上，他坐在树墩上。我们顺着碎石路来到他家里。在外边门廊上，他妻子朱迪（Judy）递给他一托盘的玻璃密封罐让他带进屋去。那天安排的访谈是我从外岸回来后的第15场，也是我回加州前的最后一场。此时距离我们一起吃意大利面那晚已经过了三个月，而我下次重返群岛又会是六到七个月后了。他朝门点点头，我便打开走了进去，迎接我的是他扎根于此五十余载所经营的温暖。地面是刷了漆的胶合板，墙面是粗木板，角落的大窗边有一张餐桌，舒适的沙发椅和书本放置得整整齐齐。炉子上架着一口蒸汽腾腾的大锅。一种节拍器般的嘀嗒——嘀嗒——嘀嗒声充满了房间，是心脏跳动的节奏。

"这是为监控电栅网，防豪猪的。"格雷格解释道，朝园子指了指。

"没大明白。"

"这个园子是我辛苦打造的，也是我们的必需。我不能承受豪猪闯进来的风险，所以我把栅网匣子拿了进来，加了个摆针，这样我就知道它一直运转良好了。"他指了指那个发出嘀嗒——嘀嗒——嘀嗒声的小小的金属匣子。匣子被安在窗边的墙上，窗户开向外面的一排排绿色。

"它们就守在外面，随时准备扑向我们的胡萝卜。"

我笑了起来。"哈，我也会这么干的。"我望着那些蔬菜说。

"如果没电了，摆针就会停。这样我就知道得去那儿守卫我们的作物，免得被别的什么觊觎它们的动物糟蹋。"

"他24小时都伴着这持续的嘀嗒声过活？"我心想。"这要是我会疯掉的！"

"这一危险是相当现实的，"格雷格说。"那些马铃薯构成了我们日常饮食的一大部分。"

为了我们的采访而关掉节拍器显然是不可能的，于是我努力放松，融入这一提示着时间的声音，嘀嗒——嘀嗒，仿佛一下接着一下的心跳声。这声音有种令人平静的效果。

我们坐在两把对放的沙发椅上，格雷格问了我些外岸的问题。谈到那些森林时我一带而过——我在犹豫是否现在就要与他分享我在奇恰戈夫和公园内的见闻。我来是要问他对于这些正经历着变化的森林有什么了解、有什么态度，他与之又有多少关联。而所有这些都不应受到来自我——无论是对于回顾个人经验还是与之相关的信息——的影响。这同样适用于后续所有访谈和我将收集的所有不同视角——关于这两个夏天在森林中的发现我需要缄口不言。

我不会像民意测验人那样强迫人们给出诸如"是，我见过成片的死亡北美金柏""不，我没见过"或"我不知道"之类的预定答案。正如利用大数据揭示气候变化趋势有其优点一样，针对成百上千人进行调查也颇有吸引力。如果对某一人群——如锡特卡居民或林业局雇员——进行随机抽样调查，其严谨的数据将可以支撑有力的研究结果。然而其揭示的信息类型仅限于研究者设计的选项框和量表。相反，我采用"半结构化"访谈的路径，为意料之外的发现创造开放空间。分析将会相当有挑战性而且耗时骇人。只有针对相对少数的人进行深度访谈并在其中有所发现后，各种模式才会显露出来。我列出了一系列必问问题，希望在其指导下能够展开一场基于信任的愉快对话。

"那么到我提问了，"我调转了谈话方向，"你是否认为生长着北美金柏的森林与众不同？不同在哪些方面？"

我尽力让问出的每一个问题都又平静又自信，不给他太多机会调转话锋反问我。而在未来数年我将开展的对话会更为自然：双方都既有提问又有回答。

"这么说吧，北美金柏是全世界我至爱的两三种有机体之一，"格雷格回答道，"而这部分是因为它们象征着某种生活方式——一种我们人类纯粹是本能地威胁到的生活方式——"窗外有什么东西吸引了他的目光。

"噢，那只大棕狗又来了。"

"你可以把防备豪猪的差事派给它，"我指了指园子说道。朱迪走到外面把这只游荡的狗拴了起来，好等她找到狗主人。我停止了录音，等格雷格的注意转回后才重新开始。

"人类的一项近乎本能的行动，"他继续道，"便是在自然系统中以青春取代古老。"他时不时停顿一下，谨慎地吐着字，仿佛诗人寻找着正确的用词。"人们从来不允许身边有什么变老，而北美金柏是受到这一不利影响的典型之一。所以正是在这一方面，作为某种失败者它们让我喜欢。我喜欢它们也是因为它们在林间的样子相当可爱——风掠过它们发出的那种声音，还有它们树皮的颜色——而每一棵树又都那么独特。而作为科学研究对象，它们在今天为什么如此分布、在历史不同时期为什么出现不同分布又是十足的谜。关于其花粉的记录捉襟见肘，这令研究它们几乎变得不可能。它们是相当神秘的生物。"

格雷格说北美金柏树被他归到了斑海雀和象那一类——"生长缓慢、生存时间长、繁殖不多的 K- 选择物种。"他指的是生态学中的一项流行理论——罗伯特·麦克阿瑟（Robert MacArthur）和 E.O. 威尔森（E. O. Wilson）两位生态学家于 1967 年首次提出的 r/K 选择理论。在斯坦福时我曾接触过这一理论，但从未想过可以用之描述人对其他物种的长期影响。麦克阿瑟和威尔森的《岛屿生物地理理论》一书利用人口生态学和遗传学原理对一座新生岛屿上可能存在的物种数量进行了理论预测。根据其数学等式，岛屿规模及其与其他陆地的距离会在迁入物种和灭绝物种之间形成平衡。但处于他们计算核心的是两个变量——r 表示速率，K 表示承载力——而今天人们对存活的理解仍然受其影响。兔、鼩鼱和禾本科等 r- 选择物种的繁衍得又快又多，而河马和巨型红杉等 K- 选择物种则在相对少的后代身上投入更多。

在格雷格看来，人们对 r- 选择物种的利用相对而言是顺利的，但我们却把 K- 选择物种——比如这种柏树——逼到了绝境。

"这些巨大的古老生物此刻正一株接着一株被人砍倒送去日本，"他继续说道。透过 r/K 的选择方式来看，从非洲的一头大象身上收获象牙跟砍倒（或者通过气候变化而间接杀死）阿拉斯加的一棵北美金柏树有着同样的重量。我记下要进一步调查北美金柏出口，然后继续就 K 和 r——就大象和鹂鷸提问。

"当今的科学令我有些幻灭的原因之一，"他解释道，"是它进一步追问的方式变得越来越优雅了。你只需稍稍变动一下手指，追问的方向便不尽相同了，但我们会在这个点上更用力一些追问下去。然而我们不会停止追问。我认为我们的行动需要一个不同的出发点，真的——我们需要理解克己的意义。而科学不会给我们答案。这便是我的结论。"他所谈的似乎不再是作为科学家的"我们"，而是作为人类的"我们"，甚至是人类本身。"K- 选择物种，"他添一句，"就此你还有什么想谈的？"

"我想你已经回答了，"我说着，仍然在试图理出头绪。"他的意思是我们正迎头冲向一个古老者和睿智者无法生存的世界；我们看重长寿者已经更多是因其直接用途而非因其继续存在。我们得决心做出某些改变才能弥补。该做什么样的改变？"他并不仅仅在谈树。我等着回到清单上那些我认为不那么刨根究底的问题。

我又问了一系列问题，以了解他对生长着北美金柏树的森林和受回枯影响的森林的利用方式或者说与其的关联方式之间有何不同。"你是否曾见过一些发生北美金柏衰亡的区域？是否在其中逗留过？"我问道。接下来是"那么你逗留过的那些生长着活的或健康的北美金柏树的地方更多是在附近还是冰川湾一带？"接下来是"你去林间主要是为了研究、游憩还是其他目的？"他一一做了直截了当的回答，讲述了他本人在公园中的研究，谈到了一些壮美的树，还提到他如何驾船去锡特卡——去危险海峡——看满坡的死树。

当我问他北美金柏衰亡对他意味着什么时，他朝房间对面一整墙的照片凝望了片刻——我猜照片上的都是家庭成员：一代又一代的阿拉斯加人，站在山脊、田间跟河畔。

"这么说吧，北美金柏衰亡对我的影响跟象的衰亡对我的影响一样，"他回答道。"我想我会回到先前那个更一般的话题上，就是人类使得古老事物的存在变得艰难。如果自然也加入这一同谋，就构成了双重打击。所以我已经看到未来某天北美金柏在阿拉斯加东南将会近乎绝迹，而我的感受就如同想到斑海雀某天在阿拉斯加东南将会绝迹一样。这是个哲学问题，是个感情问题。我不喜欢想象古老事物的消失。"

格雷格说他与森林的关系始自"人对朋友的一种客观兴趣，"而其后他"对林间生物的"同理心不断加深。直到仅仅几年之前他还会自称为科学家，但当他身上"非科学的部分"开始萎缩时，他的关注点变了。许多年前格雷格的兴趣一度在于森林的营养负荷，但慢慢地，他开始越来越关注作为景仰对象而非研究对象的森林。

"我回归地理研究的原因之一在于，"他说"如果说有什么最让我感兴趣，那便是时间这一概念。有实存的森林，也有潜在的森林，还有我能在脑海中想象出的森林……因为岩石中存在着第三纪物质。所以说有六千万岁的森林，也有未来的森林。我们就处于其中一个当中。"

他看森林的方式和看一个人的身份的方式一样。

"森林是个概念。森林是一项运行中的算法，而我们瞥见的仅仅是其中一刻。但其中的美，对我而言，主要的美之一便在于尽力想象穿过这一刻的那股物质和能量流，从其所来、至其所往。而这便是森林。"

格雷格对健康森林的描述全然不同于我认为一位科学家会说出的话，但我却感到了共鸣，而这给了我些许安慰。

"健康的森林，"他说，"很像健康的人类器官。健康的森林是——我首先要声明这对我而言是个情感类别——健康的森林是当我沉浸于其中时，它带给我的感受是宁静和肃穆。"我向前靠了一点。

"是的，我会用这两个词，"他确认道。"当我走进一片森林而发生的感觉与此不同时，我会倾向于认定它不那么健康。这不仅仅在于树，也在于土壤的条件和那些野生动物。在于某些我知道应当有但却没有的东西。在这一类别中我的观察方法没有太多科学确定性，这是一种感觉。"

在对每一个人都会提出的那套固定问题之外，我的访谈计划也留有追踪新线索的余地，于是我跑了一次题。

"那么，在谈话开始时，"我说，"你提到你的视角给了你一种来来往往的多重森林的意识。走到一处你便知道数千年之前这里有一片森林，而未来这里又会有一片。但当你谈起北美金柏树的衰落时我却听出了相当的失落感。当你想到这些森林的未来时，你是否怀抱某些希望或期望另外的机遇？"

"噢，你可能会嫌这太哲学了，但我不会怀抱希望。"他说。

"我想地质学对我变得重要的原因之一便是它帮我走出了我刚刚提到的那种痛苦。我现在越来越擅长在过去及未来这两个方向进行纵深的视觉化。这让我明白当下人类劫掠的时刻必将过去。其他事物会如何改变我虽然无法想象，但某天古老的事物会再次出现在世界上——而曾经它们也存在过。所以当生活于遥远的时间中时——过去也好未来也罢——我的灵魂便能有片刻的安宁。"

"你不会怀抱希望。"我有些震惊。"但你却可以超越时间看到远处？这是什么意思？"

"你真想探讨这个哲学问题，嗯？不处理这个哲学问题你就受不了。劳伦，这是你讨我喜欢的原因之一，但我同情你。"他咧嘴笑起来。

"你不会准备告诉我铁杉正在长起来或者森林会好的吧？"我按兵不动，暗示北美金柏死亡而把森林拱手让给异叶铁杉对任何人都没什么大不了。

"不，我的意思是——好吧，本质是：在现代世界，我认为怀抱希望在思想意义上是不诚实的，但绝望也同样愚蠢。你没法绝望地过活。"

我已经完全被搞糊涂了。他的意思是没有希望了？

"所以你有什么感受？"他问我。

"问得好。绝望？不，既非希望也非绝望。"

我什么也没说。

格雷格继续道："这么说吧，几年前我意识到我没必要陷进这个圈套。我所能做的最好的事情，就是形成我自己的内部声音、尽我所能地靠近目标，要行动——仿佛我所做的确实重要一样。而我最终成为什么人则留给未来盖棺定论。所有那些花里胡哨的关于发现生活中一千种闪光点的口袋书（ra-ra books）都是彻头彻尾的傻帽。这个世界上我所关心的每一种趋势都不仅走错了方向，而且还在朝着错误的方向加速。只要人们下手还在加重，北美金柏的处境就不妙。斑海雀的处境也不妙，而最终我们都会处境不妙。"

"那没什么我们能做的了？"

"曾经有过一段相当短的时期，我在哲学上几乎被这种想法击垮了，因为我没法哄自己玩这些小小的希望游戏，说什么'噢，瞧瞧那个小玩意儿，那车每小时油耗少了几加仑呢！'或者'瞧，有人刚刚给屋顶加了块太阳能板，所以一切正在好起来呢！'哎，其实并没有好起来。我不想拿这种游戏耍自己，然而我也不想因此被困在绝望的深渊中。我希望生命中有更多的喜悦。"

我也一样。我也一样。

"可能这并不是希望还是绝望的问题，而是信仰问题。"对我而言，活在期望中——期望未来境况会有所不同——听上去相当痛苦；而携手创造一种不同的境况则要振奋人心得多：为创造一个多一分向上、少一分阴郁的明天出自己的一份力。

就"K-A-B"而言，这个共度的下午给了我所需的——格雷格对回枯的知识、他的态度和他的行为：这些信息更为具体而没那么多哲学。他对回枯及其原因有何了解、他是感到担忧还是漠不关心；围绕受到影响森林，他的行为发生了怎样的改变、还是说没有改变——这些都相当直截了当。他的视角令我反思起自己的视角来——但他仅仅是一个人而已。

在成为科学家的路上，一个学生或某一领域的新人常常会变得只关注体系认为重要的那些成功指标——验证假设、发表论文，发现一项又一项新事实。这我早些年在斯坦福便见识过。在我这一阶段——在科学上刚刚起步——你会了解到体系会奖赏什么、不会奖赏什么，会了解到在事实和数据的中间没有情感的位置。而当你最终像格雷格一样走出实验室时，可能会认识到生活会奖赏什么、不会奖赏什么。一个在一地、一群人中间而不是在办公室或面对着一台充满1跟0的电脑工作的生态学家会渐渐像了解一个朋友一样了解那个地方；目睹其改变或其成员死亡将会是相当考验人的损失，正如生命中的其他损失一样。然而格雷格仍然仅仅是一个人而已。而我还需要几十场访谈才能找到模式、回答如何应对跟如何适应的问题。

坦白说，我离开时感到格雷格令我（这个关切的市民）相当沮丧：他的解决办法是放弃。而这种神圣的柏树事实上是他的缪斯，而其死亡意味着游戏结束，就像煤矿中的金丝雀一样。他表示气候变化最终将给人类造成同样的影响。他认为最好承认我们没法改变什么、最好在这些影响下尽可能地好好活着，而不是为不一样的境况而奋斗。我不喜欢放弃，我并不认为喜悦的生活和对积极变化的努力追求是互斥的。

与此同时，因为格雷格，我身上科学家的兴趣更深了一层。如果希望如诗人和哲学家德里克·詹森（Derrick Jensen）所言，是一种无用的情绪，那么信仰的位置又在哪里？[8] 在我们的知识中，在我们的态度中，还是在我们的行为中？在格雷格那些复杂的回答背后、在我将记录的许多其他答案背后，是否藏着什么——借助它，我这一团混乱的 K- 选择生物也能够高高矗立而欣欣向荣？

紧邻一棵死亡的北美金柏生长的异叶铁杉

　　　　　　　　　　　　　　　　　　寻找金丝雀树

第七章　为人垂涎

一月的一个又冷又湿的星期一夜晚，我哥哥从纽约打来了电话。我正穿着长睡衣，处理外岸收集回来的植物数据，脚抵着桌下一台小暖风机的底部。我卧室的窗户被风吹得咔咔作响。透过薄薄的玻璃，我能听见外面的海浪在哗啦哗啦地翻涌着。

再一次离开格雷格和阿拉斯加后，我回到了帕洛阿尔托的家中。我曾想要留下来，在朱诺或古斯塔夫斯逗留更长时间，但我做不到。手头待完成的各项工作都要求我邻近校园，以方便跟同事和实验室团队一道排疑解难和进行数据分析。可能在安静的阿拉斯加和忙乱的硅谷这两个世界之间的季节性冲突已经开始让我有些受不了，也可能我在帕洛阿尔托的家根本不曾像过一个家。无论如何，当接到一个朋友的电话说圣克鲁兹一栋住了一群人的大房子里有一间屋待租时，我便打包好东西搬去了海边。

我到那儿不过几周时间，哥哥的电话就来了。短短几周，世界再一次天翻地覆：哥哥告诉我父亲在那天下午小睡时过世了。发现他的是个邻居。父亲躺在起居室的沙发上，永远地睡了。

我从桌前站起来，穿着袜子跌跌撞撞地跑下七转八弯的木楼梯，猛地推开门，朝着咆哮的大海冲入漆黑的夜色中。我穿着袜子跑过一条条街，最后撞到岩壁上，我沿着俯瞰大海的岩壁继续奔跑，将电话贴在耳边听哥哥哭泣，气喘吁吁。

我的袜底全湿了，重得直往下坠。我的速度慢了下来——湿答答的袜尖一下下打在水泥地上，几乎把我绊倒。最后我停了下来，从一棵树的阴影中走出一个男人来，他走到街上，腋下夹着个睡袋。树是大果柏木，我的北国朋友的又一位加州亲戚，含盐的海风令它枝干虬曲、节瘤遍布。那男人只是站在街灯下，回头紧盯着我这个上气不接下气、大晚上形单影只、穿着长睡衣和袜子的女人。

我的目光顺着树干的影子移到树上，又向上移到了枝条间。枝条一层一层展开，扁平的尖端伸向大海。男人往前走了一步。

我在干嘛？回去。

"你还在吗？"哥哥问道。

我转过身，开始朝着另一个方向——或者我以为的另一个方向——跑起来，一直跑到一排白色的尖桩栅栏前，栅栏看上去很眼熟——这地方离家不过几个街区。我走了最后一段路，来到了自家大门前。门还开着，温暖的橙色灯光从室内倾泻到起了雾的街上。我们应该不过打了十来分钟电话，但我却感到仿佛已经跑了好几个小时的圈。

"劳伦？"

"我在，"我说。"妈妈知道吗？"

她知道，而告诉哥哥的是嫂嫂。我母亲感到无法亲口将这一死讯告诉自己的孩子。她不愿意承受这一刻，也不愿承受我的哥嫂那晚在纽约机场外共同承受的那一刻。她不想知道当得知失去了父亲后我俩会说什么。

我给几个朋友打了电话寻求帮助，但没人接听。等了片刻，接着给我西雅图挚友去了两通电话，但她也没有接。

没人再接电话了，我真的得把这打成字吗？

是的，得打成字。

我这么做了，而这奏效了。

那晚，朋友一直在电话那头陪着我，直到我睡着。到了早晨，我无法决定究竟该带哪一条黑裙子，不管怎么说，似乎应该带一条。

乘一趟红眼航班着陆后不过几个小时，我已经在选择我们需要哪种尸检跟追悼会上要提供什么食物了，一面还努力处理着情绪，并思索着那天自己该说些什么，或者不该说些什么。父亲并不想要什么悲伤的仪式，他想要的是个派对。

正如绝大多数女性会对生产时真正发生了什么一带而过，关于至亲之死的某些方面人们也会缄口不言。需要有人确认尸体；需要有人决定用什么棺材或骨灰瓮或者发放的印刷材料上用哪张照片；这些发放的材料需要有人设计。而做这些事不是我便是我哥哥瑞安（Ryan），也可能是嫂嫂米加（Mika）。有一种悲泣与众不同，而这便是母亲哭父亲的离世——虽然他们已经离婚。我想象着自己在他家中整理遗物的样子：我闻着他的衣物，阅读他的信件，决定哪些该留下、哪些该送人、哪些该扔掉、哪些该卖掉，决定哪些该留影、哪些该记住、哪些该忘掉。尸检表明他死于心脏病发作。得有人告诉其他人，还得有人决定这些其他人都包括谁。

等下，追悼会是什么时候？该选什么颜色的花？该死，还得买些椅子。买多少？鬼知道。

我不知道。

忙着这一切的同时，我不断尽力回忆我们最后一次谈话时他的一字一句，还有关于他的每一件小事——星期天的早晨他会一面做煎饼一面跳舞，舞步却跟不上音乐的节拍；每天他都会端着同一只大杯子，一面阅读《纽约时报》一面啜饮咖啡。

"你三十一了，"几天前他在电话中对我说。"我有天想着，你的岁数已经是我的一半了。无论你怎样努力想让它慢下来，时间都会飞一般地过去。一定要尽力去爱、去分享。不要在电脑前花太多时间。"

我知道我需要放手，而出于某种原因，我对此抱有信心——不论这一过程会如何发展，也不论结果如何。但在自己的回忆随他而逝之前，我仍然想尽力持守片刻。

要处理的后事太多了；甚至直到一周后回圣克鲁兹时我才开始意识到他真的走了。我带回的不仅有自己的行李箱，还有父亲的——里面只装了寥寥几件我希望带走的东西：我童年时的一套录音带，里面是鲍勃·迪伦和披头士的歌；一件鸡心领羊绒衫——我穿虽然太大，但上面仍留着他的气味；三本厚厚的精装本传记——史蒂夫·乔布斯、鲍勃·迪伦跟基思·理查兹（Keith Richards）——放在他走时所坐的沙发椅边的小台子上。我们到他家时，这些书码得整整齐齐，顶上放着他的眼镜。我仿佛看见父亲摘下眼镜，最后一次休息双眼的场景。我把书码在了自己靠着海的桌上，还是按同样的顺序。

父亲爱读传记。因为传记呈现了完整的人物性格，因为其中有人的共性，也因为这幅个体的画像综合了各部分——其中既有好也有坏。他是个相当聪明的人。患有躁郁症的他时好时坏，与病魔进行着艰难的斗争，而他在我生命中的存在常常反映着这一轨迹——当可能时便充满，继而毫无预兆地消失。如此循环往复。我想他读传记是为着看他人——甚至是那些伟大人物和传奇领袖——是如何斗争的。追悼会上，父亲哈佛年代的挚友之一曾对我说："关系决定了一切。如果骤然开了个口子，你会为这一纯粹的失去而哀伤。如果这人根本与你无关，你可能会感到某种释然。如果介乎两者之间，就会更加复杂。你得分清什么是你真正失去的，而什么的消失不过是让生活变得简单了。"

斯坦福的所有人都让我尽自己所需慢慢来。回学校后，我写信给自己的指导教授埃里克·兰宾（Eric Lambin）说："如果我将精力暂时放在这一悲剧上，我想我会处理好的。"但我却感到自己无法暂停这一关于生与死的研究——暂停对那些正在死去的树的探索。

"如果你认为自己能做到，就该准备起来，然后出发，"二月时埃里克对我说。这位比利时教授是美国国家科学院的成员，研究地球科学的他将整个科研生涯都奉献给了"土地变化科学"这一领域的发展，这一领域研究的是全球土地变化的动因。我成长为科学家的一路受益于他不断的敦促，他尊重我的直觉，鼓励我在舒适区外做有建设性的停留。情感上渴望回归暂且不论，如果我不在春天回阿拉斯加开展访谈，就得再等到秋天——到时北面的人们才会结束夏季的各项活动再度歇息。实际来讲，为访谈再等上六个月可能意味着得多等上一年才能找到答案，这是我的 PhD 计划和我的耐性都无法容忍的。我了解得越多，就越觉得时间紧张。我想要一头扎进他人的故事中。我无比需要保持前行，于是事情就这样定了：我会继续前行。

我将这一决定理解为"为了那些树而搁置父亲之死"。这事实上意味着我会陷入一种更大的哀恸。我将用几个月时间和陌生人交谈，他们所经历的尽是变化和失去。而在对北美金柏未来不确定性的知识不断增加的同时，忘却自己的丧亲之痛却不可能。我的数据最终表明，一旦一片北美金柏林为气候变化所影响，出现幼树（也即下一代）的几率便会下降。这一几率被我绘成了图，图上一路下行的曲线看上去就像浪尖以下的波谷。我把图钉在父亲那摞传记上方的墙上。

"发生衰亡的那些森林中的北美金柏似乎在可预见的未来都将适应不良，"我在一份研究草稿中写道，后来这篇论文发表在一份名为《生物圈》（*Ecosphere*）[1] 的期刊上。格雷格·史翠夫勒看到这篇文章一定会大摇其头，并称之为观测一个物种直到其灭绝的早期征兆。

一年前我俩分手前，在关掉录音机后格雷格曾对我说："决定什么该带上什么该放下：这便是天恩。"他说这一理念来自哲学家埃里克·埃里克森（Erik Erikson）。在父亲过世、我绘制出那张图并对试验访谈录音进行了回听和分析后，我开始寻找这一观念的原文，却找不到埃里克森的原话。我又写信给格雷格进一步追问——但一无所获。这并不真的重要。在研究中我所关心的是对于如何前行我们有某种选择。

"失去"是这些访谈的一个共同主题，因为个人生命常伴的失落感，我可以很好地共情并更清晰地看到其中的模式。"失去北美金柏带来的哀恸是一种强大的情感，而遗憾的是，这也是一种相当少见的情感，"在谈自己目睹北美金柏之死的经历时，一位善于沉思的男士告诉我："你得培养一定程度的爱才能理解这一失去的意义。单纯去爱一株北美金柏是一次向着它的自我冥想，为失去一株北美金柏而哀伤是另一次冥想，而为这次冥想所指导的行动又是再一次冥想。"

如果持续变暖（至少在某种程度上）无法避免，那么我们需要关注该如何适应那些我们难以改变的。我们选择尽可能地利用那些我们从未想过、从未想要、甚至可能惧怕的境况。心理学家和行为科学家们关注决定着我们如何反应的 K-A-B 模型，试图借此分析知识和态度如何影响我们的行动。达尔文的关注点则在生态学方面：在变化的环境中一些个体比另一些活得更好，而慢慢地，物种便进化了。格雷格将这条向前的路称为天恩，这一视角给了我更多的激励。在艰难的处境中，天恩意味着我的行动和我的看法——我的选择——是重要的。

父亲死后不久，一位朋友来信说："我很确定如果你在森林中、海滩上跟你儿子的欢笑声中过上几年，其间的点点滴滴将会滋养你的心。"当时我并没有儿子（也没有女儿），而他也知道，但想到将有新生命诞生而成为逝者的纪念却令我感到安慰。"死来得太突然而人死不能复生，所以几个月或几年后，当发现自己的父亲并未完全离开时，你会感到惊讶的。"

四月，我怀揣大学许可向北飞去。我要继续我的访谈——我要追踪 K-A-B 模型中的各种模式以及任何别的发现。我希望找到这样一种过程：当某人知道北美金柏树正在死亡时，他改变了对这些树或森林本身的利用方式；在理想情况下，这一过程将为那些为气候变化所困扰的人们开出一剂处方，令他们不再感到绝望和无助，而开始有所行动。我想要找到一种方式，帮助人们在这一形成中的环境里应对失去并创造一条全新的向前之路。

2013 年 4 月，我来到基思·拉什（Keith Rush）的办公室，开始了我在朱诺的首次访谈。基思坐在一张圆桌边，一副典型的林务员打扮：厚厚的绿色帆布长裤，侧包很大，T 恤外面套着一件羊绒衫，戴着一顶棒球帽。是一位与森林统计学家约翰·考维特合作过的科学家建议我选择基思做"研究参与者"，但我在提问中从未使用过"研究参与者"这一字眼。

我在加州时便已经开始了滚雪球的工作，我给北美金柏圈子中自己认识的每一个人都去了电话，请他们推荐受访者。我所寻找的是那些以多种多样的方式利用跟重视森林的人。"我非常希望和你谈谈北美金柏林，了解你在这方面的知识和经验"是我常用的开头。我不喜欢把任何人装进预定的框框里，但是为着确保我所采访到的人们代表了各类与森林的关联，我需要一点点框框。我将自己寻觅的访谈对象按照利用森林的方式进行了分类：传统成俗型利用，包括从事渔猎和采集活动的阿拉斯加本地人；非本地人开展的狩猎和维生活动，如莓果采摘；游憩和旅游型利用；保育型利用；科学家和博物学家的利用；最后是林务活动。为决定如何分类，我查阅了区域的林务资料，资料来自林务局、当地新闻媒体还有与森林问题相关的各组织、机构及公司的网站。

去采访自然保育协会（Nature Conservancy）的森林保育员基思

时，我已经将他划到了数据表中的"保育"框框中。他办公室的墙上有块软木板，上面钉满了山区滑雪之旅的照片。基思来自中西部，说话略微有点儿拖长腔。

我最开头几个问题是关于简单个人信息的，好令我的受访者轻松一些。

"你来阿拉斯加多久了？"

"十二年了。"

"是什么最初吸引你来阿拉斯加的呢？"

"是它的野性，"他说。他妻子是个研究野生动物的生物学家。"甚至以前我们工作时也在户外，而我们的空闲时间总在户外度过。要寻找野趣没什么地方比阿拉斯加更好了。"

"就你和森林的关系而言，以下哪项和你的情况最接近？"我问道。我总会确认会面前自己所分配的框框是否与受访者所选的一致。

"大概是保育。"他说，但其他类别他也多数勾选了"略有了解"和"有相当的经验"。

结束简短的个人背景问题之后，访谈变得更为艰深了。"你认为哪些活动或自然扰动改变了阿拉斯加东南的北美金柏林？"我问道。

"在获得更可信的信息前我接受研究者的说法，也就是导致衰亡的是气候变化。"

基思就几处发生衰亡的地点进行了描述，并说明了其成因之复杂。在小冰期后气候本已在持续变暖，现在人类活动又通过向大气层排放更多的温室气体而加剧了这一变暖过程——他说这两重因素对那些"低海拔的北美金柏"构成了一场"完美风暴"。

外出徒步时他观察过那些生长海拔更高的北美金柏，认为它们状态更好，而其原因正在于高海拔。"那些地方能留住雪，"他说。"气温更低而且整个春天一直有雪，因此不会出现早春的冻害。"

"你之前也简单提到过这点，"我说，"不过一片健康的北美金柏森林对你又意味着什么呢？"

"唔，一片健康的森林，对于我，在我看来，还是会发生不少死亡的，"他回答道，这将我带回了那条反 J 曲线。像基思这样受过林务员训练的人已经明白死树的生态学价值——它们为鸟类创造了栖息地，在腐坏过程中又为森林地被层贡献了营养物质。森林中本来便有许多树活不到长成巨树的年纪。它们要么死于伤病，要么在竞争中败给更具活力的个体。这一"正常"的生死动态与气候变化无关。

"我认为这种死亡当中虽然有人的作用，但仍然是个自然过程，所以我并不真的为之困扰，我只是接受它罢了。"

他开始回溯历史——曾经人们也经历过剧变，但仍存活了下来。

"小冰期刚在格陵兰岛和冰岛开始时，一系列壮观的变化就在人们眼前展开。而我们今天所看到的不过是它的尾巴，我们不过是回到他们先前的经验罢了。"我感到他这一令人困惑的解释相当适合气候变化的各种复杂事件。

他关于自然循环和健康森林的观点不无正确之处。小冰期是指公元 1200 年至 1900 年这段时期，当时阿拉斯加、格陵兰岛和世界其他地方的许多冰川扩张到了更新世末以来的最远端。[2] 18 世纪中期，前进的冰川迫使特林吉特人（Tlingit）走出了冰川湾，这些人不得不在飞速变化的气候中寻找庇护所，最终他们在霍纳（Hoonah）定居下来——以本土居民为主的霍纳是我的下一个目的地。保罗·埃农的研究表明回枯开始与小冰期结束这两个时间点相互重合；随着气候变暖、冰川后退，某些地方的雪也消失了。[3] 所以在基思看来，环境本来就在变化（小冰期后的变暖）。而此时人们不过在加剧这一进程——从而对北美金柏构成了巨大威胁。

"不论何时、不论在休息还是在工作，走在路上时我总爱指着地上的一条条原木说：'噢，哇。瞧瞧这挂掉的标本。'为此有人认为我疯了，但真正的原因是，我明白对于森林的许多功能跟许多物种而言它们有多宝贵。"

然而最为引起我注意的却是他并未感到应对北美金柏之死有何艰难之处。失去这些树似乎并没有直接影响到他。如果存在一个范围关于对物种的情感，痛切地感到失去了至爱物种的格雷格位于其一端，那么基思便位于另一端。

"你是否认为在你和北美金柏森林之间存在着某种联系？"我问道，试图明白为什么。

"可能并没有，"他回答道，"我是在自己的林业生涯结束时才熟悉起北美金柏森林的，所以感觉自己像个访客。我并没感觉到那种联系，如果我是在这儿长大的，如果我的整个职业生涯都是在这儿度过的，我想我会感受到更多的联系，但我是个新人并不意味着我不关心。这仅仅意味着我没有那种要在这些森林之间过上三十多年才可能会有的联系。"

无论是格雷格、约翰·考维特，还是我后来见到的许多人，都称北美金柏树壮美，并认为这一树种尤为重要，然而对基思而言，它只是森林中的又一种树罢了。

"依恋，"我坐在那儿，一面听着他那似乎有些疏远的解释一面想。"他并不真的依恋这一树种。"

失去某一个体时我们如何应对，与我们对其有多重视以及为什么重视有很大关系。要经历失去，人必须先经历爱或某种形式的依恋。如果失去的是朋友、家人或恋人，这样的情感会是理所当然的——而这情感也是刚经历了父亲的死亡的我所满怀的——这对自然或地方的依恋也适用。心理学家和行为科学家区分了两种形式的自然依恋：一种是功能性的——某种资源能为某些人们期望的活动提供必需支持；另一种是情感型的，是人们通过对某一环境或某一资源的心理投入借由经验积累慢慢发展起来的。[4]

基思的工作重点之一在于实现"幼材化"——从砍伐阿拉斯加东南的原始森林转变为在先前进行过砍伐的地区规划幼树采伐。他的工作要求他将森林看作一个整体，不仅要看到某棵特定的树或某一特定树种的经济价值，也要看到森林各个部分的多重生态价值。他本人对于北美金柏树根本从未形成过任何特定的功能性或情感性依恋。当然，气候变化也令他担忧。但相比我后来采访的许多依恋程度高得多的人，气候变化对这种柏树的影响对于他个人而言并不那么交关。

他给我看了一些用于板材的幼材样品。几年之前，他曾经参与过林业局和几个木材厂主开展的一次工作坊，探讨将北美金柏死树用于生产是否可行。他们选了四棵死树，齐根砍倒后检验了其各项特性。

"我们了解到的信息之一是当地木材厂的那些人明白这些树价值可观，"他说，"到熟成中期时边材开始朽坏脱落；到完全熟成时，你所看到的便全是原木心材了。事实上这时死树的直径会有所减小，但是心材仍然相当坚实。"

基思说采伐原始森林的生态风险极高，而且采伐北美金柏死树的风险则相对低一些。他认为作为一种保护幸存者的方法，以利用死树取代利用活树这一做法是可取的。

"如果能将人们的关注点或者采伐目标导向那些仍然有相当不错的价值的死树，"他说，"或许便能让那些健康的树少一些压力而得以繁衍。保住好种源。"

与基思的访谈跟格雷格那场大相径庭，这导致后续每一场访谈开始时我都不确定会朝哪个方向发展。我尽力理解每个人的视角，不让任何其他人或我自己的认识影响任何一场全新的交谈。这就像黎明时分站在林中倾听鸟儿歌唱、试图分辨出每一个声部并听清它在唱什么。只有经过一场又一场的访谈、单独聚焦过每一个人之后，我才会听懂那百鸟齐鸣的大合唱。

进行过 15 场访谈之后，我登上游艇，离开朱诺向霍纳进发。我带了个背包，里面装着我的睡袋、雨衣、一套换洗衣物，还有笔记本和录音设备。我还带了辆山地车，方便在镇上各处走动。我在霍纳已经约好了一位名叫韦斯·泰勒的伐木工人，而我手上还有另外一些预备联系的人的名字。

霍纳在特林吉特话里叫"胡那"或者"胡尼亚"，镇上的人说这名字的意思是"北风背风处"——而它确乎是一处北风间的庇护所。[5]
我当时对这座镇子的了解仅限于此处在小冰期时开始有人定居、在更
晚近的 20 世纪后半叶开始大规模发展伐木业。在弗雷德里克港（Port
Frederick）绕过艾西海峡（Icy Strait）后，船划破浓雾，开入了那条
特林吉特人定居了几个世纪的阳光明媚的峡湾。一入庇护所，风浪便
减弱了。我能看见山坡上一片片砍得干干净净的采伐伤痕——距离风
卷残云的伐木已有数年，一些土地上幼年林正在形成。

霍纳并没有多少供访客落脚的地方，但是因为和保罗·埃农合作
在外岸开展过研究，林业局同意让我住在他们的简易宿舍里。我骑上
车，沿着海港一路进了镇子，镇子不过又是几条路的交叉口，开着一
间小小的食品杂货店。我把单车靠在一棵铁杉树边，进去匆匆买了点
补给。摆满了货架的尽是汤罐头、调料罐头，一袋袋米、糖和面粉。
"健康点儿。"我买了一盒燕麦片、几盒通心粉跟奶酪，然后继续前
行。来到林业局总办事处，我签了几份文件，对政府住宿的各种条条
款款表示了同意。

"如果需要在镇上进行访谈，欢迎使用我们的会议室。"接待
员说。

"谢谢，"我说，"我下午会打几个电话，不过明天能用会议室
就太棒了。"

"嗯，宿舍就你一个人，"她一面把钥匙递给我一面说，"现在
全空着，你的房间是 7 号。"

出了办公楼有一条窄窄的便道，沿着马路通往山上的简易宿舍。
我推着单车走了最后一段路。装着我的口粮的塑料袋挂在车把上摇来

摇去。

进到这栋长长的棕色建筑中，迎面是一块牌子："脏鞋请在玄关脱下。"还有些印着镇政府规条的单子："请勿携带火器""20：00到6：00之间请勿喧哗""请勿饮酒""请勿使用致幻药物"还有"未经批准禁止入内"。玄关里有几双被人丢弃的靴子，钩子上挂着些黄色安全帽。我脱下自己的橡胶靴，把食物留在一张桌子上。桌子紧靠着电话机，电话的按钮磨损严重，而且污迹斑斑。

我穿着袜子背着包上了楼，沿着长长的走廊寻找7号房。空房间看上去都一样：两对单人床相对而放，每张上面都有一个枕头和一条叠好的羊毛毯，床的另一端是一对衣橱，中间安放了一张小桌。

空得有些阴森。

"喂？"我喊了一声。没有回答。我想象着这里伐木忙季的情景：野外工人挤满了宿舍，卷尺和防雨装备扔得到处都是。那略微有些污浊的气味让我想起小时候的夏令营中那些小木屋。我把背包扔在7号房的一张空床上，从另一边下了楼梯。来到洗衣房，我发现了一叠叠的枕套和床单，每一件都敲着"US"字样的章。我为自己拿了一套。我在厨房的橱柜中四处翻找，想找一口小到能煮我的单人份通心粉的锅。长柄勺和平底煎锅、炖锅，还有搅拌碗——样样都尺寸巨大，全是为一群人预备的。

阿拉斯加东南的商业伐木历史虽可上溯至20世纪初，但如果说这一产业存在某种经济周期，那么标志其开始和结束的便是50年代两大纸浆厂与林业局签订的"五十年承包合同"[6]。这一长期协议曾使得凯契根纸浆集团（Ketchikan Pulp Corporation）和阿拉斯加纸浆集团（一家日本公司）专注于这一区域的投资。木材销售的区域规定得相当清晰，而北美金柏被视作一种麻烦的树种，常常倒哪里就被扔在哪里。人们在海边把称为"蹦条儿（boomstick）"的原木首尾相接地连成矩形的"蹦（boom）"，好运去工厂。长长的原木筏子以内是数百万板英尺（board feet）的云杉和铁杉，好像一根根牙签般浮在海面上。直到日本扁柏（*Chamaecyparis obtusa*）——另一种与北美金柏有亲缘关系的树——开始不够日本人用时，未加工原木这一市场才有了戏剧性的转变。[7] 70 年代北美金柏出口需求剧增，树木先被运到西雅图，再继续运去日本，一位受访者也提到过这一运输路线。在后续几十年中，北美金柏的百万板英尺（MBF）美元价值一度是群岛上其他树种的两倍。[8]

两家纸浆厂在五十年承包合同到期前便关闭了，但是许多其他的工厂主继续着木材采伐和加工。到了 21 世纪初，以经济价值论，北美金柏已经成为汤加最为人垂涎的树种。一批混杂木材中只要有北美金柏的存在，这笔交易便会美好很多。阿拉斯加的本地人需要这种木材：它抗腐而且外表美观，用来做柴火烧得又旺又久，而其在地加工还创造了许多工作岗位。国际市场也需要这种木材以替代日本扁柏和大西洋西北的另一种亲缘树种——美国扁柏（*Chamaecyparis lawsoniana*）。[9] 我采访的一些人说这种木材会用在寺庙里；另一些人听到传言说日本人将原木沉到了自己的海底，好把这一金黄的木材留给未来使用。

但今日的采伐规模和以往相比根本不算什么。群岛北面现在仍然存留有几间小型木材厂，我约好第二天访谈的韦斯·泰勒便是其中一间的厂主。

我打了几通电话，煮了点加粉状奶酪调味的意面，然后把自己的睡袋摊在政府发放的床单上。此刻的宿舍无比荒凉，与其间一度的热闹形成鲜明对比，这不知怎么让我想起了父亲，他在沙发椅中睡去，眼镜放在那摞传记的顶上。我感到寂静的宿舍中流逝的时间似乎是他死后我所体验到的最初的宁静时刻。

我已经忙了将近四个月，一直在前进：分析外岸数据、为访谈做准备，又一次安排后勤，然后推进一场又一场访谈。晚上我会把白天的笔记敲进电脑并导出录音进行备份。我的指导教授埃里克曾给我提过醒——在进行了 10 到 20 场访谈后可能我会开始怀疑自己——我是否在问对的问题，这些答案的数据我该如何分析，我是否真的在捕捉能告诉我人们如何适应当地环境变化的趋势。

"到那时，"他说，"只要确保你不做任何不同的事，只要继续。完成一场访谈，然后进行下一场。问同样的问题。"

我躺在床上回想着一些已经采访过的人：林业局的一位野地巡逻员，受雇于阿拉斯加渔猎局（Alaska Department of Fish and Game）的一位猎人，一座名为海恩斯（Haines）的小镇当地的一位雕工，一位花费数年寻找汤加现存的那些最大树木的博物学家。我逐一点开劳里·库珀（Laurie Cooper）（她是一名导游，在当地一家旅游公司工作）的采访录音，直到找到回响在我脑中的那段。

"我为北美金柏担心，"我又一次听着她说，"因为它就像某种指徵物种，会让你开始想到：'我们是否已经接近某种威胁到了这个地方正常运转的健康生态环境的倾覆点？'而如果我们说'我们正在失去它',这是否就跟矿井中的金丝雀一样?可能我们可以往回看个20或30年,然后说:'如果我们当时能多一些留心北美金柏,可能便能看到这个生态系统的退化迹象了。'"

那晚我关上房门,靠右蜷身而卧,感到我所做的事可能没有一件真的能有所帮助。我听着鲍勃·迪伦睡着了。

韦斯·泰勒如约来到了林业局总办事处。他穿着蓝条纹衬衫,袖子的腕部被裁掉,外罩一件鼓鼓的背心,背心上缀着些方形的银色胶布。韦斯穿着磨破的牛仔裤,鞋上沾着锯末,直接把外岸的气息带进了会议室。这一问候对我再友好不过了。

"我们先在这儿把问题问完,然后去工厂转一圈,"他说,"我开了我的卡车来。我会把你送回镇上的,或者你随便想去哪儿都行。"

我已经尽我所能地在网上了解过了韦斯的信息。他公司的网站上写着:"作为霍纳的居民,我们扎根本地,创造更美的增值木产品,并尽可能多地为地方创造工作岗位,这是我们始终如一的经营目标。"《阿拉斯加商业期刊》(*Alaska Journal of Commerce*)上的一篇文章开头写道:"霍纳的韦斯·泰勒所从事的行业在近年曾遭受惨重损失。虽然阿拉斯加一度繁荣的木材产业急转直下并导致了数以百计人的失业和许多工厂的关闭,但泰勒的艾西海峡木材加工公司(Icy Straits Lumber and Milling Co.)存活了下来,最近还着手开始了扩张。"[10]他的生意不大,存在感却很强,在我滚雪球搜寻受访者时,他的名字频频为人提起。

"你上午过得怎么样?"我一面检查桌上的录音设备,一面问道。

"忙。我是朝六晚八。我不喜欢闲坐着——从来没闲坐过，也从来没想闲坐，这份生意也并不容易，得喜欢才能做好，永远都有事做。"他在我旁边的位子上坐下，身子靠前，全神贯注，胳膊肘放在膝盖上。

"那么有什么我能效劳的？"他问道。我感到问背景问题是在浪费他的时间，于是我尽可能快地过掉了那些问题。

"你当初为什么会来阿拉斯加？"

"为了伐木。"

"好吧。能告诉我伐木工作对你为什么重要吗？"

"因为我只会这个，"他笑了起来，似乎也急于要转向更有意思的问题。"我已经是我们家的第三代还是第四代了。我祖父就是个伐木工，还开过木材厂，我伯伯跟我爸也是。现在我儿子也入了这一行，我还希望我孙子也能继承祖业。"他家是追随着木材工业鼎盛时期的大好前景从俄勒冈搬来阿拉斯加的。

"让我们稍微具体谈谈北美金柏树，北美金柏森林，"我说，"我好奇你是否觉得这些树跟这些森林与众不同。"

"噢，我找它们找得很苦啊。我的意思是在东南只有……几乎没有……北美金柏在东南边并不是均匀分布的，而是这里一片、那里一片，有些地方根本没有，而这相当重要。在汤加的这一端做生意的成本高得吓人，我们得有北美金柏才能维持下去。整体情况要复杂得多，但一言以蔽之，可以获取的北美金柏快没了。当道路系统能够到的最后一棵树消失后你又上哪去弄呢？不会再有了。"

韦斯所谈的更多是树木的获取而非气候变化的影响。

"听上去在你生意中相当关键——"

"相当关键，"他打断我说道。"非常之关键。"

"能再详细说说吗？"

"哎，就是，你知道的，北美金柏的需求量很高，价格也很高。而这帮助补偿了其他树种的低价。我们的产品要是缺了北美金柏这一块——工厂就撑不下去了。北美金柏就是这么重要。"

韦斯在群岛经营伐木业已有45年之久，他经历过整个黄金年代。

"剩下的厂子没多少，都和我们差不多，"他说，"他们当年一次就能砍上5亿板英尺。我们一年能有50万就谢天谢地了。完全是天壤之别。"

此刻他面临的挑战是从更少的木材中获得更多的收益。"把精加工的工作让给别人、仅仅靠砍树输出原木是无法生存的。我们得就地生产高附加值产品，因为我们的量不够。这完全是量和价值的问题。如果产量巨大，那么调整余地就小，但是产量足够用于日常开支；如果产量不足，那就得另找方向，这时就得挖掘价值了。"

他显然相当担心继续采伐北美金柏长期来看是否可靠——影响这一可靠性的更多是行业的凋敝和法规的日益严格，而非回枯——但我还需要问问他对那些正在死亡的树的看法，还需要了解那些枯立木在他看来是一个机遇，还是一种沉重的损失。

"噢，有理论说是因为冬天覆盖根部的积雪不够，"他说。"据我观察这有一定的道理，但是嘿，是有过一些没有雪——雪很少的年份，但另一些年份的雪堆高得要命。"韦斯说如果雪松正在受到气候变化的影响，那么他不能理解为什么有些树仍然能够存活，在霍纳跟冰川湾外岸的有些地方又为什么还有生长良好的活树。

在韦斯看来，那些枯立木和活树的价值一样高，说不定还更高。"如果我能弄到它们，"他说，"我会很高兴拿它们来用，但要靠近它们非常难，而且变得越来越难。"

"为什么死树会更有价值呢？"

"因为利用死树生产产品有好名声。"

"觉得好像没在采伐活树吗？"

"没错。没错。是的。这种想法你肯定已经在各地都遇到过了。"

韦斯认为这些北美金柏死树要有用、要产生机遇，需要有人采伐。

当我问他是否认为在自己和北美金柏森林之间存在着某种联系时，他大笑起来。

"没什么，"我说，保持着沉着和他一道笑着。"尽管笑。"

"联系？"他继续笑着。"唔，唔，有联系，因为我靠着它才能维持工厂运转。我靠着它才有饭吃。这就是联系。我们需要一点儿北美金柏。如果有什么法子能让我在这附近种出速生北美金柏来，我肯定干。"

在某种意义上，我能理解他的反应。如果他不相信回枯是气候变化造成的，如果他认为出现成片的死树仅仅是自然循环的一部分而这一树种最终会在其他地方重获新生，那么当然也就没那么多理由感到担心。如果获取自己所需的价值便能让他与死树和活树保持同样的关系，那么他的反应便会更多在于找到一种革新方式，使自己的生意能适应变化的森林和伐木业，而非应对失去。

"我们完完全全跟森林绑在一起，"他告诉我。"在这里，森林对人类有利用价值。瞧，我直接跟它绑在一起。它提供了工作岗位，它支撑了日常开销。我的意思是这完全是功利性的。我不是那种会跟一棵树发生灵性联系的人，因为树没有灵魂。树里面没有灵魂。神造了它们，是造来给我们用的，这就是我对此的看法。这么说吧，我是个保守主义者，但也是个讲求实际的保守主义者。我希望这些树能回来，那非常好。我希望这些树能长得又好又壮，但要崇拜它？这个嘛。"韦斯摇了摇头，双手抓着双膝。"树从来不是拿来崇拜的。"

韦斯的工厂离镇子不远，环绕厂地是一堆堆的云杉、铁杉和北美金柏木。路在几英里开外成了泥巴地。标识道路的不再是街道名，而是"805"这样的数字。韦斯说这些路他都太熟了，简直可以闭着眼睛在上面行车。工厂外那些北美金柏原木在一端漆着个黄点，他带我走过一堆又一堆原木，告诉我他会拿每棵树怎么办。无论死结、瘤子还是裂缝都不会令他困扰，样样东西都会有用武之地。

"我们不再仅仅做净材生意了，我什么都不浪费。"大块原木他会做成台面跟橱柜，小块的做成饰板和搁板。

"这些是拿来做企口板的。"他说着，把自己仓库里一块光滑的木板转了过来，露出那独特的拼接企口。

来到厂房外，他把双手放在另一堆木材上。"这是一单货下来的几棵死树。"

坐着卡车回镇子的一路上，他把那些通往废弃采伐地的路口一一指给我看，然后又谈了谈他的家庭。维持他的生意是一项耗费精力的工作，但我有些嫉妒他对变化的森林和变化的行业所持的实际视角。

对气候变化造成回枯表示怀疑几乎令一切更轻松了，而他对用途和经济的关注也有同样的效果。能够纯粹以功能性价值评价树木而不论其死活意味着存在两种行动方案：一是不断要求管理方允许采伐更多的树木；二是对自己的生意进行革新，为能采伐到的东西创造市场。无论采伐到的是什么，没什么需要在情感上进行消化的。树木的死亡不会引发对气候变化的未来影响的担忧，不存在无助感，也不存在对什么更大的全球解决方案的渴望。

我回想起父亲的朋友在追悼会上对我说的话——我们与逝者的关系部分决定了我们会如何回应。在我们的人生中，死亡可能成为一场大灾难，但只有当我们与所失去的联系紧密，当此人此物无可取代，尤其是当死亡突如其来时才会如此。而与之相反，存在某种渐进过程，这一过程为接受或斗争或理想情况下一种二者兼有的行动创造了空间。

韦斯花了几个钟头接受我的采访，这等于损失了几个钟头的生意时间。这是从受益于这生意的当地人那里薅来的时间。分别时我曾想给他一个拥抱，但最后只是握了握手。我没有告诉他我采访过的有些人会徒步走到森林中的某处，仅仅是为了待在一棵活着的北美金柏旁边——而对死树避而远之的也是这些人，我也没有告诉他有一些无形的价值是无可取代的。

我开始思索：确实有些联系是为功能性需求所塑造的，但也有一些是来自更深的情感需求。在我们人生的全部工作中，那些与自身的关系更密切、投入了更多情感的领域可能有时是最艰难的。这些挑战我们虽然可以回避，但并不能因此便高枕无忧。我一度为了要进行的各种采访搁置了父亲的离世，但现实却不断地浮上来。

为了处理更加紧急的事物，我们搁置了气候变化，而这还能持续多久？什么会令人无法再否认？而那慢燃的何时又会变成一场燎原大火？

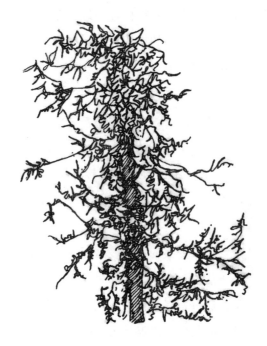

乜铎绘制的受胁迫的北美金柏

第八章　分隔与归属

我已经不再需要拿着稿子问问题了。寒暄的话已经深深地印在了我的脑海中。放在双膝上的笔记本现在成了个不错的台子，我把录音机放在了上面。

"我的名字叫卡西雅基（Kasyyahgei），我还有一个名字叫卡萨克（Kasake），这两个是我的特林吉特名字，"她说。"我的英文名字叫欧内斯汀·汉隆·阿贝尔（Ernestine Hanlon-Abel）。我是特林吉特人。我是渡鸦、狗鲑、乌鸦。我们总是随妈妈。我爸爸是鹰鲨。我在霍纳长大。我爸爸来自冰川湾。我妈妈来自安贡（Angoon）。"

欧内斯汀穿着亮紫色衬衫，衬衫的整个正面浅浅地勾印着夏威夷槿花（Hawaiian hibiscus）。她顺滑的灰发梳着中分。当她交代自己的家族时，头发随着说话的节奏微微颤动。

她的家又舒适又多彩。房子闻上去有点儿霉味。墙上镶着一幅画，上面是一只渡鸦和一只鹰——这两种生猛的鸟分别代表了特林吉特部落的两支。[1]鸟头互顶，望向不同的方向。

"平衡，"发现我盯着画，她说道，"一切都在于平衡。"

她告诉我森林给了她和她的族人以身份——她是第一个这么说的

人。韦斯在宿舍把我放下后不到 24 小时，我已经坐在欧内斯汀建在霍纳山坡上的荧光绿色的家里，听她解释那北美金柏活立木何以是她先祖的纪念。

一位受雇于林业局处理部落关系的女性向我推荐了欧内斯汀和另一位名叫泰瑞·洛夫加的织工，这两名特林吉特妇女仍然从事着传统的行当，同时还将自己的手艺传授给群岛北部的其他社区成员。在见面前的通话中，欧内斯汀提出了接受访谈的三项条件。我不可以问织布的技术问题，也不可以试图做任何记录。（她解释说曾经有研究者来此这么干过，然后便随心所欲地把属于她的族人的知识分享了出去，这些人总让她很恼火。）她的外甥女兼学徒凯西（Cathy）会加入我们，好在代际之间分享故事。最后，我需要寄给她一份我们谈话内容的转写材料，她好为族群保留下来——而别人总是只从族群索取。对这些条件我表示全部同意。

我告诉她我不是人类学家，我来也不是要打探特林吉特绕线技术的秘密；相反，我想要了解她与森林存在着什么样的联系，想要知道她都目睹过些什么变化。她要求凯西也在场，意味着她的时间将不仅有利于我，这令我相当欣赏。但在我看来，这也是她在表明自己对我信任有限，令我略微有些不舒服。

特林吉特、海达（Haida）和钦西安（Tsimshian）是今日阿拉斯加东南的三大主要原住语言—文化群体。科学家们普遍认为这一地区至少在一万年前上一个大冰期结束后就已经有人定居，但是关于这些定居者的人种几乎没有什么直接证据。[2] 人类考古学家麦当娜·莫斯（Madonna Moss）博士写道："支撑（各种）假设的证据仅限于一些石器和骨制品，而这些材料通常并不会直接用于确认人种。"[3]然而，绝大多数特林吉特人都说他们自古以来便一直生活在群岛。相比从不列颠哥伦比亚迁来的海达人和钦西安人，特林吉特人在这一区域的分布要广得多，现存部落人口有一万之多。[4]

特林吉特是今日群岛北部使用北美金柏历史最悠久的部落。与阿拉斯加及不列颠哥伦比亚的其他西北海岸部族一样，特林吉特、海达和钦西安部落的人采用传统的奇尔卡特（Chilkat）织法，以北美金柏树的金黄色内皮作为纤维原料。从树上剥下的树皮非常强韧，科学家称之为"韧皮（phloem）"组织，在活树中，韧皮组织将树叶进行光合作用生产的糖类运输到树的其他部分。[5]阿拉斯加土著用之织造筐篮、衣物已经有相当长的历史。[6]

"我真的只想要了解一下你对那些森林的看法，"我曾在电话中对欧内斯汀说。到了她家，我又说了一遍同样的话。要想记录下北边"锅柄"的人们与森林的各种联系形式，与特林吉特部落人们的交谈将会极为关键。我有些紧张。我感到能坐在那儿相当幸运。我不想搞砸。

我们三个挤在欧内斯汀狭窄的工作空间中。不管出于何种原因，她都向我表示了欢迎，并给了我一次机会。我不希望在表达问题时出错或者走错某一步，最后像其他人一样再次令她失望。

我坐在木质织布机边，机器的结构相当简单：顶部是一条穿了些洞的长杆，两端各以一条腿支着。一件新作品刚起了头，垂下毛茸茸的骨色纱线和更细一些的黑线。房间的各角堆着书和散放的纸张，好把中部空间完全让给织布的活路。

"我们就是以前那些抱树者，"欧内斯汀说，"我不在乎他们怎么说。你尽管叫我抱树者好了。而我们之所以要那么做——我们来到一棵北美金柏树前之后要伸出双臂把树搂住。"她抬起自己的双臂抱住了我们之间的空气。指尖相触，双臂形成了一个圆圈。

"如果我们的手臂能像这样合拢，树就太小了。"她把双臂打开得更宽一些，然后仰起头来，仿佛正望向一棵几百岁的柏树。

"如果我们的手臂……合不拢，树就正合适。可以剥树皮。没错，我们就是那些抱树者，那些土人。这就是我们。"

从小树上采剥树皮会导致它们死亡，但是更大的树能承受窄窄的一条树皮的损失。虽然欧内斯汀没有这么说，但我知道这些树便是研究者口中的"文化印痕树（culturally modified trees）"，也称为 CMT。树木内部的年轮能够表明其生长的数百年间如何受到气候的影响，而树皮采剥留下的印痕则记录了人们在一地的居住和对其利用的漫长历史。[7] 我见到第一棵 CMT 是在群岛更北面的凯契根（Ketchikan）。那是一棵圆柏，其曾经清晰的割痕边缘已经长出新的组织，锐利的伤口变得柔和了。我好奇这割痕是谁留下的：她穿着什么？当时是哪一年？当时的气候如何？

"我想在许多方面，尤其是在奇尔卡特织法跟我们做的事情上，我们曾是这个世界真正的科学家——我们世界里的科学家，"欧内斯汀说，"我们目睹了发生的一切，数千年来我们一直在适应。"

当被问到怎样利用北美金柏树时，她从椅子上站起身来，钻到凯西身后，打开了一个抽屉。她掏出一捆淡棕色的线。

"这些来自北美金柏？！"我一面轻抚着手中那带着绸缎光泽的线束，一面问。

寻找金丝雀树

"没错，来自北美金柏。"

"你最后会用这来做什么？织到这里面去吗？"

"会纺到经线里。"她说。她又伸手到抽屉里，掏出了一个线团递给我，线柔软而洁白，她告诉我说这是雪羊毛纺的。

"我把北美金柏的线放到这里，然后往下纺……几股纺在一起。"

"这样会更结实吗？"

"没错，"她咧嘴笑了。"就像我说的，我们曾是科学家。这样也能防蛾子。瞧瞧这些羊毛线，"她说着，指了指从她的织布机上垂下来的那些毛茸茸的粗线。"几千年之前就已经是这么纺的了。"雪松能让羊毛保持紧实。

我放松了一些，感到我们之间存在着某些共同点：我们都重视观察自然跟确认人们如何依靠自然生存。

她又开了另一个抽屉，在我面前打开了一件完工的作品。

"一条围裙。"说着，她把这块厚重的布围在自己腰上，把两头在身后系到一起。布面上的黑色眼睛和黄色面庞望着我。围裙的四角各缀有一片蓝色，形似正要拍击海面的鲸鱼尾。她晃动髋部，用我不懂的语言轻柔地唱起歌来。她只唱了几秒便打住了，一面"呼——哈！呼——哈！呼——哈！"地喊着，一面炫耀着身上的杰作。

"从这里到这里，"她一面说一面用手指划过一个部分，"我用了 119 条线。"

"所以这里面也有北美金柏？"我问道。

"对。"

"好厉害。"

"看到这些圆圈了吗？"她碰了碰位于顶端的一个，缓慢地低声说道。"瞧瞧这些圆圈，圆——圈。"她重新提高了声音宣布道，"这是世界上唯一一种能织出完美圆圈的织法。没有任何一种别的织法能做到，甚至连接近都做不到。"

我又感到不舒服了，我们仿佛就快违反约定条件的第一款（不问织布技术问题）了，而我甚至根本没开口问，于是我回到了自己惯常的问题序列。但她用食指顺着每一个圆画圈时的表情让我想起了韦斯——在工厂时，每当他的手摸到一块北美金柏木板，韦斯便会露出同样的表情。这当中有一种自豪感，但也有一种亲密感。

"能告诉我你看重北美金柏的哪些方面吗？你会如何解释你的看法？"

"噢，帮帮忙，"她说着，向后陷在自己那把吱吱作响的椅子里，朝凯西转过脸去。"她的英语好。"

"我们希望能有时间想想该怎么回答，"凯西回应道，"因为你其实在问：你的文化的价值是什么？这是一回事。两者是难分难解的。阿拉斯加本土文化有多少价值？回答这个问题需要时间。"

"如果没有了我们的树，我们就不是——我们就成不了我们了，"欧内斯汀说。

我坐立不安了片刻。"她知道吗？她知道发生了回枯吗？有那些墓场、遍布大地的那些规模巨大的死树，还有这一树种不确定的未来，这些她知道吗？"

无法逃避的下一个问题令我感到恐惧。如果她们已经知道自己正在失去哪些树，那么我不想听到她们的痛苦跟困惑；如果她还不知道，

　　　　　　　　　　　　　　　寻找金丝雀树

那么我不想隐瞒我所知的。我感到隐瞒是不诚实的，但把我自己知道的告诉她可能会让我彻底失去了解她的知识（或者我所采访的任何人的知识）的机会。我感到自己像一个带着坏消息走出手术室的医生，唯一不同的是，我不能宣布。我必须信任研究程序，只能这样。

当我问到她们认为哪些人类活动对北美金柏树造成了干扰和影响时——通常这个问题会让人们谈起气候变化来——凯西和欧内斯汀都说是伐木。直到我更深地问下去，她们才提到了那些墓场。她们见过成片死去的北美金柏树，但并不多。我到此为止所作的访谈已经表明：人们部分是通过直接见到死亡林分了解到回枯的。那么如果某人碰巧生活在健康的树林边而从未去过回枯规模更大的区域，他便不会注意到受影响森林的规模有多大。当我采访她们时，无论是欧内斯特汀还是凯西，都未把气候变化当作元凶。欧内斯汀认为可能林业局正在喷洒除草剂以控制林下层。

"我当时对朗达普（Roundup）很好奇，因为它只不过是一片特殊区域……又在路边。"她提起自己见过的一小片地。

我换了个方式，把同样的问题又问了一次。"那么你没太听说过有些区域全是立着的死树？没听说过有些什么在影响北美金柏？"

"伐木呀。"欧内斯汀回答道。她仍然坚持长期伐木是造成北美金柏树减少的主要威胁，然后预先为自己的跑题道了个歉。

她开始讲述从自己父亲那儿听来的一个故事。有个男人从另一个村子过来见他。这人在为国家立法部门奔走。她父亲让他坐下，说有话要对他说。"他说，'看到那些山了吗？雪崩很多，对吧？没错，很多。'他说，'我来告诉你我需要你做什么。你得学会怎样像那些树一样牵手。它们的根就是它们的手，它们把所有的根都扎下去，然后就晓得怎样牵手了。它们牵上手后，每一年，你都能看见又多一点，又多一点，又多一点。它们就是这样牵手的。很快雪崩下来就毁不了它们了。这就是你要干的，牵手。'"

她朝我微微一笑，等着我自己寻找其中的联系。凯西点了点头。

"我们曾经很善于使用类比，"她说。"这也是我们的教学工具，而且帮助我们建立了族群。"欧内斯汀的话从未说得这么直接，但她在叫我思考社区跟合作如何成为我们面对灾难时的力量。她关注的是那些被伐净的林子。我所想的是气候变化。不论在哪种情况下，不论是应对我们所造成的哪一种不平衡，团结都将可能成为一种解决方法。

"森林不断地给予，给予，给予，而我们要做的是学习如何反哺。"

我回想起韦斯。"回枯对韦斯意味着什么？"韦斯·泰勒能够调整过来。他可以拿北美金柏死树替代活树，或者找到其他方式来利用云杉。"这对欧内斯汀又意味着什么？"我和她跟凯西谈得越多，就越清楚地看到没有任何东西可以取代北美金柏对她们跟她们族人的价值。这一不可避免的失去——不同的价值观跟与自然发生联系的方式所造成的结果——令我感到不公平。

"我们会交流，"欧内斯汀说，"树和我，我们会交流。它们也跟她说话。"她加了一句，指了指凯西。然后她重新看着我说："只是你需要学习怎么样去听。"

"用北美金柏织布，触摸着织物时，在精神上人会一直与大地相通，"凯西说。"同时也与自己的先祖们相通。"

"这成了一种灵性关联，"欧内斯汀补充道。她描述了自己在织布时最强烈地感受到这种灵性关联的那几次。"所有这些图案都在表明某种来自土地的东西，"欧内斯汀说。

我把录音机放在地板上，好记下这些活着的神圣的柏树对欧内斯汀意味着什么：

> 我们是谁
> 我们的文化
> 疗愈
> 感到快乐，精神
> 关联

在枯立木那栏，我只写了一个字：

> 柴

当我提到那些为保护树木和其他自然资源特别划定的公园和荒野保护区时，我们的交谈发生了转折。我知道这类特别保护区并不能抵挡气候变化的影响，但这在一些地方终止了伐木和其他形式的人类活动。

"人们不准我们在冰川湾猎捕雪羊，但这里曾是我们的传统猎场，"凯西说。"当你说'特别划定'时，就好像，'嘿！'，"她发出一声惊呼。"如果你问我，比方说'要是能让采伐停止，你会同意"特别划定"一些土地吗？'啊——我不会的。我不会的。"

欧内斯汀和我同时开了口，我们的声音彼此盖过了。我觉得我好像听见她在说："荒野是句骂人话。"

"你刚刚说什么？"我不敢相信自己的耳朵。几年之前我曾在原住民社区为保护受到采矿业威胁的土地而战。我也曾经支持过流域保护组织。而今天，在气候变化的威胁下，我以为我们比任何时候都更需要思考应该如何管理我们国家的保护区——而且我们需要决定哪些价值（或者为人类提供的服务）是我们想要延续的。

"我们把荒野当成一句骂人话。"她又说了一遍。

"我情愿去教育人们——让他们明白自己所用的东西的价值，而不是拿特别保护把整个儿都终止掉，"凯西补充道。"因为一旦开始，这就会变成一个政治皮球。最想毁掉土地的是谁？在这里我们是少数，我们声音太微弱。我们一直尽力告诉人们这片土地真正的价值，而这片土地的价值之一就在于你正在了解的北美金柏。"

我什么都没说，脑海中却浮现起自己钉在斯坦福办公室墙上的一句话："我们就是需要那片荒野唾手可得，即便我们会做的不过是开车到其边缘朝里望。因为这能帮我们确定自己作为受造物是健全的：荒野是希望地域的一部分。"[8]这句话出自作家和环保主义者华莱士·斯蒂格纳 1960 年写给加州大学伯克利分校的戴维·佩森宁（David Pesonen）的一封信。当时，林学院的一个研究中心受委托对全国荒野资源进行状态评价。[9]四年之后，国会通过了荒野保护法案（Wilderness Act）——法案创造了最高的保育类别，到今天仍然适用。法案诗意地称荒野为这样一片区域："在其中，大地和其生物群落不受人的影响，人是访客而并不停留，"而且提高了国家的自然保护标准。[10]根据斯蒂格纳的说法，"为了对其进行保育"我们需要"执行不同于开发或'利用',甚至不同于游憩的另外一些原则。"[11]

斯蒂格纳跟其他许多积极分子都将美国的荒野看作最后的希望之岛——原始的、需要特别划定进行保护的"自然"区域。荒野是远离单调乏味又拥挤不堪的城市生活的避难所。森林成了人的对立面。我也读到过另一些学者的文章,他们将自然和荒野两个概念进行了区分。在《荒野与美国思想》(*Wilderness and the American Mind*)这本对后世影响巨大的环境著作中,作者罗德里克·弗雷泽·纳什(Roderick Frazier Nash)得出结论:荒野并不存在。荒野从未存在过。它不是物理实存,而是一种心境。[12]而环境历史学家威廉·科农(William Cronon)将荒野称为"文明的产物",并认为"当我们以为荒野可以解决我们的文化跟人类以外的世界之间问题的关系时,我们就搞错了。"[13]但是在欧内斯汀家中她的织布机边坐着,听到她说荒野是句骂人话,听到她说我们在自己的星球上所造成的失衡正该归咎于这个词,我感到震惊。

"我们之所以与自然分隔,是因为我们先前努力要保护它?而造成我们今天这些问题的就是这一分隔?"这当中有些讽刺和意料之外的扭转——一度是好意的保护荒野行为破坏了在更长远的时间框架下维持更大的整体所需的联系。这跟斯蒂格纳和国家公园管理局所希望的截然相反。她正在激烈反对我一度为之而战的,但我并没有生出戒心。我感到自己有些什么需要学习。

"如果我确实理解了这种整体视角——你是一部分,我们也是一部分,"我问道,"那你的意思是'这'才是应该让人停止伐木的力量吗?"

"当然，应该这样，"凯西说。将土地官方划定成"荒野"切断了她和她的族人长久经营的与自然世界间的联系。欧内斯汀说他们与土地和树木的关系一直是平衡跟充满敬意的。正如一句骂人话会令交谈的两人发生嫌隙，特别划定保护地也将自然和人割裂开来。对欧内斯汀而言，在地图上画上线，把一些地方保护起来使得人们能够与"自然"相通根本毫无意义。只有对那些失去了这一关联、已经切断了联系的人们，这一途径才说得通。

我能够理解欧内斯汀的主张。特别保护把自然变成了某种我们得开车——在阿拉斯加甚至要乘飞机跟划船——才能抵达其边缘的东西。在地上画线将某些地方认定为荒野或原始意味着在其他地方我们可以为所欲为，因为大地上那些岛——斯蒂格纳的那些小块希望之地——已经保留了理想自然。而在荒野保护法案颁布后的半个世纪之间，我们不计后果地烧着化石燃料，当意识到工业化的环境恶果失控时已经太迟。不论公园还是城市中心，不论公共还是私人地域，没有一处特别保护地能够保护某地和地上的人们免于气候变化之灾。

凯西说："这种教育得开始了——在某些地方、在某个时刻。你能这么问相当好，你是百万人里唯一一个。"欧内斯汀点了点头，对我表示了认可。我并未感觉到自己是百万人里唯一一个。我感到我那丧失了关联的文化是有罪的，因为历史上的某时我自己的先祖们在工业化竞赛中脱了轨。她大约能感觉到我希望能帮助补救这一切，让这一整体能重回正轨，重获平衡。

在结束访谈离开前，我得把树在死亡的消息和其中的原因告诉她们。我不知道她们是否会相信我，但我觉得她们甚至根本不会关心这一原因。不论树木死亡的原因在于杀虫剂、伐木，甚至可能是气候变化，解决方案都是同一个。要走向某种更可持续的状态、走向平衡，我们需要将自然看作人类的一部分，需要彼此帮持、成为整体。

我谈起了那些小片土地、雪松的浅根、保罗·埃农和其他人所进行的长期研究，也谈到了我本人在外岸的研究工作。凯西把一只手放在心口上。欧内斯汀一直相当镇静。这是我当天到访她家说的最长的一席话。

我的话快收尾了。"我研究的很大一部分工作在于试图确定那些有相当多死树的区域——"

"变化一直都会有。"我的话还没完，欧内斯汀便说道。

"没错。我们是否发现新生代或者——"我准备告诉她在发生回枯的区域幼树也减少了。

"气候肯定改变了，"欧内斯汀说，"她的外婆，也就是我的姨妈曾经会织一种四季花。"这是一种特林吉特人的布样，用四种不同的图案表现四个不同的季节，"我们曾经四季分明，现在的季节已经不再像以前那么分明了。"

"可能会下雪，也可能不会。"凯西说。

"可能整个冬天一直下雨，夏天也会，去年夏天雨就下个没完。"欧内斯汀耸了耸肩。

"这种图案叫作四季花是因为代表冬天的是朵白花；代表春天的是朵绿花；代表夏天的是朵粉花；代表秋天的是朵褐色的花，或者一片褐色的叶子。这样的图案就描述了我们的四季。但现在的四季没有以前那么分明了。"

此刻能说什么呢？我想不出来。我点了点头。

关于北美金柏的起源有一个故事，讲述这个故事的是一位名叫爱丽丝·保罗（Alice Paul）的女士。爱丽丝来自不列颠哥伦比亚温哥华岛上的黑斯奎特（Hesquiaht）部落。大约在我结束输入植物数据而开始设计访谈问题时，保罗·埃农给我发来了这个故事。

渡鸦是最高明的创造者和骗子。有一次它碰上三个年轻的妇人在海滩上晾晒鲑鱼。它想得到鲑鱼，于是不断地问她们独自在外害怕不害怕——她们怕熊不怕、怕狼不怕或者她们怕不怕其他什么动物。当得知她们害怕猫头鹰时，它便躲进附近一丛灌木里开始学猫头鹰叫。三个妇人闻声而逃，一路逃上了山。上到一半时她们累得走不动了。她们在山坡上一道站住歇息，就变成了三棵北美金柏树。这就是为什么北美金柏树总是长在高高的山坡上、为什么它们那么美的原因。[14] 在特林吉特人的其他传说中，渡鸦被当作对所有生物的警报。渡鸦啼鸣时，夜间活动的动物如果还没有归家，便会立即断气。[15]

出了欧内斯汀家刚走几步，一只渡鸦叫了起来，发出一串洪亮的呱呱声。鸟儿在我面前从一棵云杉树上俯冲下来，我能感觉到它拍打黑色双翼带来的风拂过我的脸。我望着它消失在了森林深处。

可能我所追寻的已经不再是只金丝雀，而是只渡鸦了。那只渡鸦是否在发出警报？那鸟儿的歌是一种警告吗？还是说它在呼吁某种超乎希望的东西——就像海滩上那三个妇人，在一处消失的可能会在另外某处出现——我们所失去的并不总会一去不返？

在把自己的山地车拆成一堆部件交给一个带我离开霍纳的飞行员之前，我采访了一位技艺精湛的雕工。他名叫戈登·格林瓦尔德（Gordon Greenwald）。他的父亲是特林吉特人，但来自科罗拉多的母亲不是。他正与一位纯血特林吉特人欧文·詹姆斯（Owen James）合作雕刻一件北美金柏木的图腾，这件刚刚起了头的作品最终会送去冰川湾——霍纳人的先祖一度生活于此，直到小冰期时冰川前进，他们才被迫重新择地而居。

"如果我们的气候正在变化，"戈登说，"那么我们的环境也会变化，而这并不意味着作为人类我们不能随之一道改变。"

我感到他不仅仅怀抱着希望，因为他的语调有着某种信念感。作为科学家，我无法对此进行度量或将之归入我正在研究的类别——K-A-B，对回枯的知识、变化的态度、回应那些枯立木的行为，这些类别根本不合用。这是一种方式——他的方式——清早醒来，然后活在一个充满失去和变化的世界中。哪里有悲剧，哪里便有美。而在那里我们团结合作重塑山坡的行动仍然可以抵挡雪崩。在那里重新寻到平衡仍有可能。随着我的父亲淡出记忆，随着我继续行走，从一场访谈到另一场访谈，从一户人家到另一户人家，从一个镇子到另一个镇子，我也开始满怀信仰。

泰瑞微微一笑，越过自家门廊望了望远处那些树。我检查过录音机上的调节旋钮，给麦克风换了个位置，避开了风。已经是五月末了，到此为止我这个春天已经进行了三十多场访谈。她把T恤衫的腰部拉拉平，把长长的一缕散开来的灰发梳到自己耳后，然后收回目光直视着我。

"我叫泰瑞·洛夫加，特林吉特话叫海斯·库乌·特拉阿（Chais' Koowu Tla'a）。我是一只蜗牛族的塔丹坦（T'akdeintaan），也就是渡鸦，我是一个英国人和卡关坦（Kaagwaantaan）（就是狼的意思）孙女的女儿。我们的祖籍在冰川湾区域的利图亚湾（Lituya Bay）。我们的族人就是从那里出来的。我们和卢克纳·阿迪（L'uknax Adi）也就是银鲑的关系相当密切。它们是我们的族人。"

她一只手滑过放在膝上的另一只手，一只手臂上的长袖子被稍稍撩起。我注意到了一处刺青：一条粗粗的黑色实线绕在她的手腕上。在我看来，这仿佛象征着无畏和力量，与我对她的第一印象正相合。

"我是个织布工，我全职织布。"她说。

泰瑞表示在坐下来访谈之前愿意先带我去她工作室参观一圈，我接受了她的邀请，既是出于好奇——我想看看她是如何工作的，也是因为我认为慢些开始能增进她对我的信任。

我们上了一道窄窄的楼梯，穿过一道吱吱作响的小门，来到了最顶层的房间。房间的四围摆满了一架架的书。我扫了一眼那些书名，试图发现它们的排列逻辑，本土文化、特林吉特和海达、阿拉斯加历史、植物学、艺术、东方哲学。在一排书架上方的墙上贴了一张四方的纸，纸上印着一句名言："如果感到沮丧，你便活在过去；如果感到焦虑，你便活在未来；如果感到平和，你便活在当下。"房间的另一端被一台很大的织布机占满了。一件新作品刚刚起了头，垂下白色的纱线，和在欧内斯汀家时我曾拿在手上的那些雪羊毛线一样。

"我会到林子里采，有的时候也会买。我用云杉的根编织。"

一条长桌从一端到另一端排满了手工编织的篮子。一本有三个铁圈的相册摊开放着，翻到的那页照片上的泰瑞穿着一件引人注目的羊毛长袍。她双臂大张，仿佛渡鸦的双翼，令整件袍子华丽的设计一览无余：黑色的折线、黛色的滚边，边缘垂着流苏。

"那些北美金柏正在受到气候变化的影响，"先前在电话里她对我说，"所以我想，即便以我们之前的那种方式仅仅采收树皮，未来也不再可能了。北美金柏让我们有幸单单靠着一种树便织了这么多年的布。但现在我们得让它休息一阵了。"

泰瑞递过来一只小篮子。"这是用北美金柏和云杉织的。"我的手指划篮子的编织表面，触到那光滑而强韧的树皮——还散发着芳香。北美金柏那甜甜的气息把我从她在锡特卡的家带到了外岸。

"这只是云杉编的。"

我对她接下来要分享的故事充满了期待。

"我们去门廊那边吧。"她提议道。

来到室外，开着录音机，一切仿佛都进展得相当顺利，直到我提一个问题时用到了"资源"一词——"自然资源"。这触动了机关。她往我这边探了探身。

"我的目标之一，"她说着，靠得更近了一些，"就是消灭'自然资源'这个说法。我认为这根本就是——是个相当讨厌的词汇——你知道的，把一切都资源化。不存在联系。如果能把'自然资源'这个字眼换成'联系'，你就对路了。当把自然看成资源的时候，我们并没有在失去跟所得之间建立联系。"

我飞快地在心里列了一张清单："我所吃的植物、我所喝的水、我头顶的木屋盖、我的汽车、我的电脑，还有我手中的麦克风里所用的金属——都是开矿采来的。自然资源管理——仅仅为了实现有效的管理，便设立了相关的高级学位，又成立了专门的政府部门。毫不夸张地说，我们已经把一切都资源化了。包括我所用的化石燃料。"

想到自己的"资源化"行为，我涌起了一股负罪感。我愿意容许自己有几分懒散？又应当容许自己有几分懒散？

但情感暂且不论，在科学意义上，如果我与自己所利用的每一件东西都建立起联系，那会带来什么改变？

我决定离一下题，暂时避免提到资源这个触发词，直到想出回到正题的法子。我问了问她对气候、对那些她进行采收活动的森林的变化注意到了些什么。

"我们随时随地都抱着进行研究的心态在观察事物。别人可能会说：'噢，现在我在进行科学研究了。呀，现在我在休闲了。我又在进行科学研究了。'但当我走进森林时，我既是在研究也是在休闲。"泰瑞告诉我，人人都可以变得警醒而敏锐，并且以行动回应自己见到的变化。

"十八年前我的云杉根经历过一次变化，"她说。这把我吸引住了。"我所使用的那些根发生了一种类似生理功能的改变，而这是我一直在监控的。唔，我不知道该怎么表达清楚。"

"根扎得更深了吗？"我试问道。

"不，我是指树液，还有根的形态。它们曾经长满瘤块，这时就要停止采掘；但当时它们不再长瘤块了，就像窗期变了。在南面的加州，那些人终年都能采掘树根，我们现在也快了。根系变了——它们的生长方式变了。"

我问她都怎样利用森林。她说森林给予她的精神滋养和她从中获取的食物有着同样的价值。我们回到了正题，开始谈联系而非资源。

　　"平衡是可以创造的，"她说，"平衡是可以管理的。我们在这边砍倒了一棵老树，那边就有一棵新树长起来。你瞧，这就是平衡的。所以我说的联系是与整体的联系，不是与个体的联系。是与地方的联系。基于地方的知识，这种联系很难，因为我觉得太多人已经失去了跟他们生活的地方的联系。现在出现了一层肤浅的绝缘层——无论是技术、交通还是别的什么造成的——总之出现了这样一层薄薄的与地方相隔绝的绝缘层。我想，当人们在园子里种花种草时就能意识到这一点，但是话又说回来，园子是在人的掌控之中的。当我出去进到林子里，林子却并不在我的掌控之中。我并没有站在食物链的顶端，我是个访客，这便是联系，一种不同的联系。"她猛地高举双手。

　　"关于联系，我们又知道什么呢？联系是混乱的！"她大声说，"联系是困难的！噢，联系可比我跟你谈的这些复杂多了！"

　　几乎像重拾在霍纳时欧内斯汀和我未尽的交谈，我插了一句："这一联系可能会有失去平衡的时候。"

　　"没错！"她点了点头，"而我们也会想出办法来回归平衡。但我很愿意再一次花费精力，然后说：'哇哦，这真的没用。我居然在山坡上一块地方剥了这么多树皮，我在想什么呢？！'"

　　我想起了父亲，想起了他在的那些时候、他不在的那些时候。我想着人们如何修复联系——长期地，人们采取行动修复环境，人们采取行动相互支持。

　　泰瑞很少以我会称为答案的话回应任何一个问题。她讲述了许多故事，提出了更多的反问，进行破译则是我的工作。以"联系"取代"资源"将令自然和人类重新成为彼此的一部分。联系远远不只是提供的某项服务或可利用的某种资源，它是一种相互关爱的承诺。

我等待着访谈过程出现社会学家称为"饱和点"的那一刻。在我动身来阿拉斯加前，埃里克·兰宾曾和我提过这一时刻。除此以外，我只在化学中听过这一说法：一种物质为另一种所吸收的量达到可能的最大值的那个点，溶液无法再溶解更多的溶质。

"你会研究人们对回枯及其成因的了解，"埃里克说，"你会评估人们对其的态度。你会探索他们是如何利用跟评价那些森林的，据此确定他们是否依恋着以及如何依恋着那些树。然后你会探寻人们的行为——任何对环境变化的回应。对吗？"

"对。"我确认道。

"那么，到了某个点上，完成了二十、三十，也可能是四十场访谈之后，一次访谈正进行到当中，你会发现你已经能预测它接下来会如何发展了。这不是指那些细枝末节的个人信息跟个人经历，而是你的研究对象更宏观的结果。如果知识、态度和行为三者之间存在联系，如果依恋在决定某人对回枯的反应上发挥着某种作用，到时你就会知道的。最终，在进行了足够多的访谈之后，假设你已经有足够大的样本量，可以获取所有变量的全部可能值，到时你就会知道的。放松一下，休息上一天，然后再做五六场或者十来场访谈好进一步确认。如果你每次的猜测都没有错，没有什么新情况出现，就可以告结了。这就是饱和点。你分析所需的已经都收集到了。"

和泰瑞的访谈进行到一半时，我暂停了片刻，过了一遍到此为止从我俩的交谈中所了解到的东西。

　　就知识而言，她知道整个群岛上北美金柏死亡的规模，也知道是什么导致了它们的死亡。就依恋而言，因为北美金柏活树对于她有许多用途和价值，她对其功能性依恋和情感性依恋彼此交织。就像欧内斯汀和韦斯一样，她所获得的部分来自树皮和木材。此外还有无形的价值——并非来自利用，而是来自与北美金柏的互动及其存在。但我能预测她的回应吗？——她是如何应对、她的行为时是否发生了什么改变？

　　"树人，"她说，"我们每天都会交谈。我爱它们。这就是爱。这纯粹是爱。我会定期来到雪松面前，你几乎不得不这么做——它们的性格真是千变万化——你知道，所以你得花时间同它们相处。"

　　"你是否觉得一棵老树和一棵幼树的价值不同，不同在哪些方面？"

　　"我指的并不是经济价值，"她说，"而仅仅是它们的故事还有它们的历史。这要如何度量呢？两者的经济价值都不高，但对于我们是谁、我们是如何与之联通的，却价值巨大。"

　　我没有做评论，我也不该做评论。但我感到我的访谈正在捕获一些作为生态学家无法度量的东西，而我对之怀抱信任。

　　"她失去的会最多，"我想，"联系越深，威胁也越大。"

　　她的知识和她对那些树的依恋可能意味着她将极为担忧，事实正是如此。她不仅为那些正在死去的树担忧、为失去那些无可取代的价值担忧，还为更大范围内可能出现的全球问题担忧。

　　"两栖动物，"她说，"还有北美金柏。我们的生态系统中存在着这些向我们发出警告的物种，而我认为它们现在正在发出警告，它们发警告已经有相当长一段时间了。"

我可以预测对回枯的了解和她的依恋会令这一担忧加剧。这一条泰瑞也满足了。如果知道原因和气候变化有关，便会触发另一系列态度，比如对即将来临的灾害的恐惧和某种绝望感。

但我仍然无法预测 B，行为，反应。我已经接近饱和点了，但还未到达。

"她正面临三重挑战——改变她利用树的方式，应对失去——而她所失去的无可取代，还要直面那可怕的原因。"

"她叫它们树人。"

父亲的离世是突然的，仿佛迎头一棒。泰瑞的失去则是渐进的。仿佛一种扩散中的癌症，一场缓慢的死亡意味着有时间去细品，有时间去接受，有时间去换一种方式与他人发生关联，有时间去做计划，有时间去准备——好面对外面的世界。但是在她这仍像开了个口子，她正在失去她的父亲，她父亲的父亲，还有再往上的祖祖辈辈。这一失去大到我无法测度，全都源于一棵树——不，还要更糟，一片森林——之死。

如果没有了树，还能有什么疗愈呢？

我在圣克鲁兹的一位瑜伽老师曾说："恐惧是呼吸的缺失。"据我所知这并没有什么科学性，但她这话当然是指着情感说的。她会说当某件事或某个人要求我们走出自己的舒适区时，我们会开始找各种借口。她曾宣称能治好恐惧的是行动。她曾说人应当以恐惧为指南针。恐惧可以指引我们存活下来。

寻找金丝雀树

围绕气候变化教育和交流等领域中的恐惧和绝望问题，研究者已经进行过广泛的研究，形成了不少著作。既然对气候变化的意识日增，为什么我们不采取行动来遏止它呢？在一个异常温暖的冬天，社会学家卡里·诺加德（Kari Norguard）来到挪威西部的一个乡村社区，采访了那里的居民。在出版于 2011 年的《生活在否认中：气候变化，感情和日常》（*Living in Denial: Climate Change, Emotions, and Everyday Life*）一书中，她写道："虽然在最近的民意调查中有大约 68% 的（美国）人口指出全球变暖是一项严重的环境问题，但很少有人花时间就此进行写作或思考，采取行动的就更少了。"她解释说，"人们不想了解气候变化似乎与这一话题所引发的许多强烈情感有关。我所采访的人们谈到了许多恐惧：因为气候变化之严重而恐惧，因为不知道能做什么而恐惧，他们担心自己的生活方式是成问题的，也担心政府难以处理好这一问题。"[16] 生活在否认中，转过脸不看恐惧，很多时候就会轻松一些。

因而，我最不确定的变量仍然是行为反应（B）。为什么有的人会畏首畏尾，会移开目光，会安于现状？为什么另一些人有勇气尝试新鲜事物？我开始意识到，如果以向前的行动和积极的心态作出反应，我们将能从恐惧中学到如何活得更好。

我又问了泰瑞些问题。

"我们刚刚提到了那些发生衰亡、有许多死树的区域——我想知道你有没有去过或者——"

"没有，而且不是碰巧没有，"她笑了起来，"我没有专门去找，那些地方让我觉得不舒服。"

"当你想到这些变化，想到你去危险海峡或者其他哪里的时候看到的——你有什么感受？会有什么反应吗？"

"当然了。一种纯粹的失去。"她摇了摇头，"我对经济机遇不感兴趣，但我确实在关注是否存在一种更可持续的或者说可以维持下去的联系，我可以接受说这些死树等着我们去采伐，而我们可能也应该采伐那些木材，只要能够满怀敬意地去做。"

"知道那些死树的存在后，你对北美金柏或者那些森林的利用方式有没有发生什么改变？"

"有，我一直在倡议人们转用云杉根。云杉根有一种可持续的采掘方式，不会危及树的质量和生命。"

她会用云杉树根代替北美金柏树皮，而这便是她所做的选择。克己地不再利用北美金柏，而代之以其他树种，同时避开发生回枯的森林——这些便是她个人生活中的行为改变。虽然单单这些行动既难以止住气候变化的脚步，也无法拯救北美金柏，但它们构成了某种不同于现状的东西。而泰瑞要如何应对失去借着树所联通的先祖，便更多地是心理学问题。这是一种丧亲之痛，它涉及重新建立连接而实现修复。

在每场访谈结束时，我都会问几个不会用于自己分析的问题。（就像会最大化利用"野外时间"的典型研究者一样，我也收集了更多材料以供未来使用。）这些问题是我在试验访谈之后加上的——在此不久，格雷格·史翠夫勒曾让我感到希望无用而我们最好跳出希望的陷阱去生活，但我并不认为接受跟放弃是仅有的两个选项。我相信相比期待变化，我们能做的更多——我们可以成为变化的一部分——而我想为此找到证据。

这些补充问题中的第一个是："最令你担心的环境问题是什么，为什么？"第二个是："想到这一令你担心的问题，你是什么态度——没什么是我们能做的，或有些什么是我们能做的；我不知道有没有什么我们能做的；还是有很多我们能做的？"

泰瑞说最令她担心的环境问题是基于地方的知识的缺乏；多数人与他们来的地方、他们是谁缺少联系。我采访的另一些人则提到了海洋酸化、污染、全球变暖以及类似的问题。有几个提到了联系的缺失。

"有些什么是我们能做的，而且要从我们开始，"泰瑞说，"这不是什么全局问题，'噢老天爷，那边那些人，他们就是问题所在——'"

我给她看了一张图，上面画着许多成对的圆圈。每对当中的一个圈标着"自然"，另一个标着"自我"。在这张包容与自然量表（Inclusion and Nature Scale, INS）上，"自然"和"自我"的圆圈以不同的程度彼此交叠，从刚刚相接到完全重合。使用这一度量的研究结果表明在联系程度和生物圈关注——一种对所有生物的关注——之间存在相关关系。[17]研究者还发现，在联系程度和研究对象报告的环境友好行为之间也存在相关关系，这些行为包括循环利用、节约水和能源以及使用公共交通工具——仿佛都是些微不足道的个体行动，有人甚至会怀疑这些行动是否有用。[18]我请她告诉我哪一对圆圈描述了她与自然的关系，但我已经知道她会怎么回答了。

当数字和未来的预测都在孕育着悲观主义时，可能从我们所创造的联系当中能诞生乐观主义。

"认为自己绝缘的人真是奇怪，"凯西曾经说过，当时我也给她

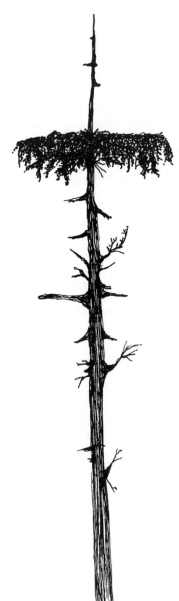

仍然存活但受到胁迫的北美金柏。这种树冠
结构在发生回枯的森林中相当常见。我们在
样地统计中称这类树为"DT",也就是"尖
梢死亡(dead top)",原因是树冠的稀少
通常表征着根部可能受到致命的损伤。

寻找金丝雀树

和欧内斯汀看了同一张图，"那些人傲慢地以为他们可以破坏我们的环境而不受其影响，但其实这不过是个定时炸弹。"

"我爸爸总是说我们是生态系统的一部分，我要说的也还是他那些话，"欧内斯汀说，"我们是生态系统的一部分。"

泰瑞伸出手来，触到了最远端的那一对——两个圈完全融为一体。

"这就是我。"她确认道。

第九章　饱和点

　　我在斯坦福读研究生的第一年，同届的所有人都进行了迈尔斯—布里格性别指标（Myers-Briggs Type Indicator，MBTI）测试。企业和咨询公司会使用MBTI进行人际合作建设。咨询师会基于它提出职业路径建议。[1]这一测试基于卡尔·荣格的心理类型理论和四对二分取向偏好。[2]在前三种类型中，人要么是外向的，要么是内向的；人的认识要么靠感知，要么靠直觉；人做决定要么靠思考，要么靠感受。在第四种类型中，人要么以一种有组织、有结构的方式生活，测试将这一方式称为判断，要么以一种更为开放和灵活的方式生活，这种方式称为感知。[3]就我的理解，一个人的MBTI类型在其一生中发生巨变的可能性很小。有些人在不同的环境下可能会游移于不同偏好之间。但一般规律是，我们是什么样就是什么样。知道自己的类型后，你在这个世界的行为和与他人的关系中就会存在一些可预测性相当高的模式。

　　我的测试表明我是个INFJ（内向型、直觉型、感受型、判断型），读着网上自己的类型描述，我不禁产生了一种释怀感。在与人交往中深度的联系对我相当重要。一直以来我所做的决定受到价值和原则的指引远远超过了金钱。我一生中住过没有自来水的小木屋、工具房、帐篷，还有自己的车里；选择这些廉价的居住方式令我得以做自己认为有意义的工作而不花太多钱。我有同理心，这意味着我能很容易地理解其他人的感情，但我也怀抱着一种责任感：我在人生中所做的应当令社会的不公有所减少，而不是加剧。好也罢，坏也罢，我不断地以这一标准评价自己，也无时无刻不意识到其代价。

采访过泰瑞和欧内斯汀后，我更加清晰地看到了气候变化的不均衡。我能够理解失去父亲的感受，这我正在体验。但她们所体验到的痛——失去一种文化、失去与自己先祖的联系、失去"树人"（它们与她们一样是社区和家族的成员）——这种痛的重量惊人。全球变化在地方为人所经历。我无法度量面对泰瑞时自己感受到的悲伤。但怀着这种情感坐在她家门廊里，我对气候变化及其影响之不均衡的理性认识变成了一重更为个人化的现实。采访正经历其他环境问题的人们——比如那年旱灾期间的加州农民——可能会暴露出其他的不均衡。对我而言，旱灾意味着缩短冲凉时间跟减少浇花。对他们而言，这却关系着他们的生计。然而，有一些农民正在开始改种耐旱作物，正在把我们对气候变化的知识融入他们的实践之中。有些人找到了一种随变化的环境而变的方法。

泰瑞、欧内斯汀、韦斯，还有其他许多人——他们正在失去一种自己以这样或那样的方式依赖着的事物。但我开始发现这一失去也可能引导他们发展出与周围生态环境的全新联系，甚至可能走得更远。与自然界联系最紧密的那些人——不论这联系是功能性还是情感性的——也会是首先开始适应的那些人。

稍晚一些，当完成所有访谈后，我最终会开始检验知识、态度和对自然的依恋的不同组合是否能够预测对回枯的行为反应。我期望这些维度能有类似迈尔斯—布里格二分的功能，只不过在我这里，通过更进一步地了解回枯和气候变化，人们可以在不同的知识"类型"之间顺畅移动。我会基于各个人对那些正在死去的树的了解对我的受访者进行分组。我计划通过确认担忧（因为担忧可能会是行为改变的一项驱动因素）和其他可能的表现对他们的态度进行分组。然后，理论上我会看到一套与之相关的行为——如植树、回应回枯而停止利用活树，甚至还可能有骑单车上班跟减少家中的能源使用。后者将会表明在地方层面理解气候变化的影响以及以直接威胁的形式经验气候变化将会驱动人们减少他们个人导致气候变化的行为。在科学白日梦中，我最终会开出某种处方，驱动人们做出对地方、对全球都有益的行动。甚至还会有更积极的改变：一些人会开始推动"正确"的知识、态度或依恋组合（无论最终"正确"的是什么），在更大的规模上鼓励人们行动起来。瞧啊，解决问题，重要研究！市民们已经开始改变自己的行为以适应地方环境的变化，而且还投入到更大规模的运动中，要遏止气候变化的进一步发展！

最终这一处方比我预想的要混乱。行为是反应的维度之一，但还有一个同样重要的因素我未曾料到：心理应对。

离开泰瑞家后，我在接下来的每一场访谈中都会玩那个饱和点游戏。问题问到一半，一旦了解了受访者如何利用那些树、认为那些树有什么样的价值、对回枯知道多少，我便会尽力预测接下来的发展。

　　　　　　　　　　　　　　　寻找金丝雀树

我的思考过程大概是这样的："所以_____（填写姓名）知道那些树正在死去，而且对它们有某种程度的依恋。他（她）是否感到担忧？估计是的。是在为地方的损失而担忧吗？估计是的。噢，等等，但此人知道原因是气候变化。他（她）感到担忧是否也是因为这种树所表明的问题？估计是的，会因为更大的、全球规模的问题感到担忧。此人是否在为人类感到担忧？是否在为支撑我们的那些联系感到担忧？"

在锡特卡，我住在林业局的另一处简易宿舍里。这里每天都有志愿者进进出出，报告着勘探溪流的结果和在哪里见到了熊。晚上我会检查访谈的手稿，一直到很晚。我一面一座座镇子地跑，一面把一份份录音材料寄出给人转录，所以每当我接上互联网时，文件就稀稀拉拉地回来几份。回斯坦福后，我会花上一年时间对全部访谈进行系统研究，但当下我最关注的是那些对回枯最了解的人们的访谈记录。

"他们是怎么知道原因在于气候变化的？"

"了解到这个之后他们做了什么（或者不再做什么）？"

"森林里林立着死树，再加上眼前发生的种种，我想我们所面对的问题的规模比你我所能应对的要大得多——我们不能再开这么多车了，"来自海恩斯的一位特林吉特雕工对我说，"我们得种更多的树。我们得慢下来。现在电子时代已经坐稳江山，它会走向哪里？它会怎么样？有人会问吗？还是说我们只是越来越深、越来越深、越来越深地陷进去？看上去大自然未来将会大发雷霆。"

古斯塔夫斯的环境保护者和作家汉克·伦特弗（Hank Lentfer）曾说："对这个地方的爱，部分在于应对这些北美金柏所代表的东西带来的痛。"他认为，生态学教授和环境研究需要融合精神要素提问："这你要怎么应付？"于是我们可以"继续下去，并且就此组织一个积极的回应"。

一位受雇于当地一家旅游公司的船长说："北美金柏的衰亡给我们上了相当重要的一课。"一位博物学向导说："如果这表明，相比我们所应当或能够做的我们对自然的关爱还不够多、表明我们没有考虑到怎样维持我们的生态系统的完整，那么这就是重要的那一点。"朱诺的一位保育倡议者说："这是个危险的信号——它表明更大的生态环境也受到了胁迫。"我一遍又一遍地听她的录音："这有让人们意识到受到威胁的是什么吗？恐惧就在我们眼前，有形有体。"说到这里，她的语速加快了，语调变得充满同情。

那位船长说荒野是"一个坩埚，地球上正发生着什么全在里头"。

发现模式是观测生态学和社会科学的一个共同目标。而只有通过重复，模式才能显露。我一遍又一遍地问着同样的问题。做了四十多场访谈后，已经可以确认我的参与者们分属于四种知识类型：（1）不知道发生了回枯（最终只有两名参与者属于这类，两人都生活在健康的森林附近，而且很少出远门）；（2）知道发生了回枯，但是不了解其成因；（3）知道发生了回枯，也知道回枯和气候变化有关，但是对气候的作用机理了解有限；（4）既知道发生了回枯，也知道罪魁祸首何在，还了解个中复杂机理——知根知底。

那些知根知底的参与者同我谈到了雪量在减少、骤寒时如何冻伤根系以及低海拔地区所受威胁何以更大。

"当出现低温天气时，"特纳基·斯普林斯（Tenakee Springs）

的一位伐木工人说，"那些树更容易冻坏跟死亡，因为它们的根没有积雪保温。"

属于知根知底分组的是那些森林管理人员，像我一样，他们在工作中也去过那些墓场。他们深深依恋这一树种，急切地想知道困扰它们的是什么。通过对变化的森林和变化的气候进行观察，他们在当地了解情况，彼此间也就此交流。他们曾就回枯的成因搜罗各种信息。他们对回枯的担忧已经升级，远远超越了对森林和阿拉斯加。关于就在他们眼前的阿拉斯加人正在失去什么以及这会导致什么后果，他们有着一种基于地方的认识，但是这一损失在全球范围的意味着什么也令他们深感担忧。这种柏科植物正在引起人们注意到那个更大的气候问题，而对于这一问题的存在，有太多人要么否认，要么试图无视。

在泰瑞之后，我又走了两个镇子，见了七名参与者，之后便停止了采访——这时我已经能清晰地看出行为模式了。我可以确定在知识分组和报告行为之间、在特定行为和个体使用跟评价森林的方式侧重之间存在着一种联系。我就人们采取的行动列出了一个初步清单：

> 把自己对回枯知识融入气候变化相关的公众教育工作中
> 在森林管理中向这一树种倾斜
> 对死树和发生回枯的森林进行物理回避
> 创造新方法利用死树或发生回枯的森林
> 以死树替代活树
> 试验种植北美金柏

利用这一机会扩大狩猎（发生的回枯森林有更多的野生动物）

通过人工堆雪或其他活动保护个别树

限制对树群有消极影响的直接利用

另外一些行为更难直接归因于回枯。但知根知底型中的一些人也报告他们尽力减少可能导致行为变化加剧的行为。他们骑自行车上班，减少家庭能源使用，尽自己所能地对抗导致这一问题的根本原因。金丝雀所呼吁的不仅仅是在地方环境中适应变化。

饱和点的出现伴随着几重意外。首先，那些知根知底的人们如何应对存在一个心理维度。有一些人向他们的社区表达自己的观点。另一些开始在一种更广的时间和空间尺度下想象这片森林——可能在一处死去的可以到另一处安家。他们通过关注和期望别处的生来接受此处的死；可能这些树某天会转移到更高的海拔、更高的纬度，也可能反正就是别处；可能它们现在正在这么做。我采访到的有些人正在为此悲痛。

其次，即便是在这些表达了最深的恐惧、怀疑自己是否真的能为这些树或者为气候变化做些什么的知根知底的人们中间，我也发现了一些个体——他们仍然在做着些什么。不论他们在理性上对自己的行为和全球环境劫难之间的关系作何判断，有些人就是无法听天由命接受这一惨淡的结局。

古斯塔夫斯的一位历史学者和渔夫对我说，种下一个园子表明了一种信仰，而种下一棵树或任一片地抛荒长树则表明了一种无上的信仰。

"到收获的时候或者树结果的时候，你不可能还在。"他说。

一位恢复生态学家说找到解决方案需要试验；尽力适应继而再适

应这一与你一道进化的系统是值得的。

对北美金柏存在依恋的人们受到气候变化的威胁最大。但我发现这些关系也激励了他们行动起来。他们不得不进行创新——抓紧可以抓紧的，放开难以存留的，并寻找当下可能的支撑。泰瑞用故事告诉过我，而科学以模式告诉了我。

万物都运行于一个巨大的圈中；我们影响气候，气候影响生态系统的运转，接着我们所依赖的资源变得不那么可靠了，它们更易流失，甚至可能最终会彻底消失。啊，资源，现在甚至仅仅写下这个词都会让我难堪。见过泰瑞之后，每次想起或用到"资源"这个词我都会发生同一种反应。但这是我的文化背景，这是我所知的语言。如果在一个生态学研讨会上我站起来，不是讨论森林资源管理，而是讨论森林"联系"管理的意义，大家会怎么想？！空谈！嬉皮！软科学！但我们所喝的水、吸入我们呼出的空气的那些树、我们赖以生存的植物所赖以生存的土壤——所有这些都彼此关联，而没有任何一个生态学家会否认这一点。人们要适应将来的变化，第一步就是承认我们"并非"孤立。那么，然后，我们所能创造的最健康的联系是什么样？

林业局的一位管理员认为，要帮助人们与自然和他们所处的自然环境（无论他们生活在何处）重新建立联系，我们能做的很多。

"你是生态系统的一部分，"她说，"人类是生态系统的一部分。他们无法脱离生态系统，相反他们需要了解自己的生态系统才能认识到自己对它的影响。这是一种认识方式。"

那个春天我争分夺秒——不是为赶在天气窗关闭前获取数据，而是为完成访谈，还有去外岸掘出那些温度传感器。我需要回父亲家一趟帮忙收拾。我们得决定哪些带走、哪些送人。这些工作不能再搁置下去了。

六月我再度回到古斯塔夫斯。照计划，扎赫船长会带我、保罗·埃农和一个来自朱诺的朋友去外岸——从艾西海峡经斯宾塞海角进入格雷夫斯港，那里有我选择的一系列样地，我那些温度传感器仍然在其中收集数据。如果传感器运转正常，我将会获得又一年的每小时气温和土壤温度的数据。它们储存着我所需的最后一批数据。来自一个名为"蒙大拿的探险科学家"（Adventure Scientists in Montana）的组织的志愿者们会帮我取回奇恰戈夫的传感器。这是一个团队地理藏宝任务：输入 GPS 定位，划艇或乘船来到岸边，徒步进入森林，找到那小小的按钮设备，再徒步走出森林。完成这一任务无须科学训练，但确乎需要运气、好天气、扎实的导航技术和坚韧不拔地穿越森林区域的能力。

我们向海岸进发的前一晚，格雷格又来同我们共进晚餐。这晚又是洛丽接待的我们。

"那么，你采访的那些人，"格雷格问，"他们有什么解决办法吗？就我们能为那些树做些什么跟我们能为气候做些什么而论？'你'现在又有什么想法？"

"我想我还有一大堆编程跟分析工作要做，然后才有得说，"我回答道。我没有力量谈论人们与我分享的那些关于失去的经验。我还没准备好跟他辩论那幅更大的图景对我们是有希望还是没希望。

采访过那些知根知底的人后，一些想法在我脑中挥之不去。我想象着格雷格说这些想法很现实——而我不想听到这个。我一直搁置着自己的失去，一次次敞开自己去倾听跟试图理解太多人与死树相关的经历——但我累了。

"我想关于气候变化有一些什么是我们可以做的，但要是问我们是否会选择那么做，我想我们不会，"一个人曾对我说，"我想我们会望望自己的小笔记本，再望望为此做些什么会带来的麻烦，然后选择省掉这些麻烦。我们会让别的谁去处理这事。"

"坦白说，我觉得我们前途不妙，"另一个人说，"我真这么认为，但我不想带着这个念头生活，因为如果我一面想着我们前途不妙一面活着，哎，那我还不如现在就扣下扳机。我还怀着一点、一丁点希望，但要实现它需要我们做相当、相当大的改变。地球并不在乎。地球总会在那儿，它总会活下来。它会活下来，而这比我们的命运更糟，但我们前途不妙。我们作为一个物种已经注定要灭亡了。"

作为一个研究者，我录下了这些惨淡的观点，并且会如实报告，但就我个人而言——我想要怎样过我的生活，我每天所抱的期望——我真的不想表示同意。

在门边，格雷格匆匆穿上自己的扣领羊毛衬衫，然后在离开前转过身对着我说："我有点儿失望，这次我激你没激够。"这是挖苦吗？我没问。

第二天一大早，在计划出发时间之前，扎赫船长打来了电话。

"看上去不大妙。"他说。

"不大妙的意思是我们走不了了？"我问道。

"有一股风暴正在接近。很难说确切什么时候会来袭。我们可能没法绕过那个点抵达目的地。如果能抵达，我们很可能一时半会儿回不来。我们不如等上几天。"保罗很快需要回镇上上班，而我已经买好了一张南下的机票，哥哥正等着我一道收拾父亲的房子。

"我试不了下一次了，"我说，"我只有这次机会。"

"那行吧，我们可以出发，先走一半路，然后伸出鼻子探探情况如何。"

随着我们与古斯塔夫斯的距离不断拉大，如镜的水面渐渐起了小小的浪，小小的浪又渐渐长成高峰和低谷，船身每撞击一次大海，我就向上伸一次手，够到天花板上的一根梁，然后紧紧抓住。越过地平线，我远远地看见克罗斯海峡深入海岸的地方涌起了一堵水墙。潮水迎着风堆高，处处激涌着漩涡和激流。

"我们去埃尔芬科夫（Elfin Cove）避一避，"扎赫说，"我们可以等等，看那边会发生什么变化，我想你得有个备选方案才行。"

埃尔芬科夫是奇恰戈夫岛北端的一个小渔村，建在支柱和蜿蜒曲折的船坞上。村子的常住人口不过几十，但在鱼汛期，沿岸有许多船只进进出出。我帮着扎赫把"金牛"渔船系在船坞木桩上，然后在阳光下温暖的木板上坐了下来。我双脚在水上晃来晃去。保罗手拿林业局的无线电溜达去了另一边。

"我没法留下，"我想，"但我不能把传感器扔在那儿。"我晃着腿，一双橡胶靴像婴儿座椅一样来回摆动，我努力计划着备选方案，但仍然不愿接受现在的方案已经不再可行了。

保罗回到船上，他带回了林业局锡特卡派出所的话。

"他们说起风暴了，有阿拉斯加湾那么大。"他说。

"真是荒唐，"我大声说，感到被打败了，"这里已经够刺激了，没必要再夸张。我怎么可能相信这种报告？一场风暴有阿拉斯加湾那么大？！他们真这么说？！得了吧，告诉我风速多少，告诉我浪高多少，给我些数字呀。这是什么荒唐的报告。"

"他们就是这么说的——整个阿拉斯加湾，"保罗耸了耸肩，"很糟糕，情况很糟糕。"

那晚我们在离埃尔芬科夫不远的一个小岛上扎营。近岸的大浪一直没有平静下来。整晚都能听见风在咆哮。早晨回古斯塔夫斯的路上我一言不发。

"你的资助还够下一趟的油钱吧？"我们抵达码头前扎赫问我道。

"嗯，够油钱。"我说，为空跑一趟所浪费的燃料感到愧疚。为了开展我认为能够帮助解决问题的研究，我正在加重这一问题，多么令人丧气的讽刺。"但不够再请你跑一趟了。"我加上一句。

"那个 GPS 设备有定位对吧？能告诉我怎么确定每个点吗？"

"嗯，超简单，"我回答道，"每块样地都有一个编号，你输入编号，然后就有了。"我输入了一个给他看。

"你去那儿后要做的就只是找到那些小传感器？"

"没错，有一个传感器钉在一棵大树上，大树围了一圈粉红色带子；有一个埋在底下的泥里。两条峡湾各有几个位置。"

扎赫松开油门，顺着码头靠好船。保罗跳出去把船系好。扎赫关了引擎。

"回家吧，"他说，"去办你要办的事，我会到镇上找几个朋友，等天气好了我们会去拿那些玩意。把那个 GPS 给我，然后走吧。"

与相伴将近35年的母亲离婚后，父亲搬去了弗吉尼亚莱夫利（Lively），然后去了更北的弗雷德里克斯堡，他在那里买下了一栋摇摇欲坠的老房子。他说他更适合小镇生活，而且对激烈的竞争感到厌倦。"我再也不到麦姬农场干活了[①]，"他一边这么说，一边总会再荒腔走板地唱上几句他最爱的迪伦的歌。他的房子难看得要命，一些住在附近的人感到这栋房子被拆虽然令人遗憾但在所难免。我父亲显然并不这么认为。有将近一年时间——可能更久，我记不清了——他消失在了我们的生活之外，我们的交流变少了。我最初相当担心，继而感到愤怒。他每天都干什么？他都去哪儿？都发生了什么？但最终我不再寻思这些了。我终于能够不抱期待了。然后他又重新出现了，就像消失时一样突然——他邀请哥哥和我去他家。

等我们终于到访时，迎接我们的是一栋翻新了的住宅大作。他给我们看了改造前后的照片——磨损的地板抛了光，亮闪闪的，裂了缝的墙修补过重砌过，粉刷一新。他和女朋友帕姆（Pam）把一栋别人已经放弃了的房子改造成一个新家。走道是石板的。父亲顺着在报纸上看到的一则广告，花了50美元从一个只想脱手的人那买下了一吨这种石板。家具是从跳蚤市场上便宜买来的。他递给我一张照片，上面的人们正围着一张桌子坐在院子里。大家都穿着工作服，不是沾着灰就是蹭了漆，各人盘子里的食物堆得高高的。

"这是做什么？"我当时问道。

"是帮我们翻修这栋房子的人。当我们有了一个构想，一切就一

---

① I ain't gonna work on Maggie's Farm no more. 是鲍勃·迪伦《麦姬农场》（*Maggie's Farm*）中的一句歌词。——译者注

点一点实现了。"

"这些吃的又是？"父亲一向颇有烹饪才华，所以我猜是他做的。

他微微一笑："是我给大伙儿煮的，煮了一大堆。"

骤然出现于我的生活中，又骤然消失于我的生活外：这一模式就是我记得最深的我俩关系的节奏。我想他从未意识到在他的每一次来跟去之间过了多长时间。我脚踩抛过光的旧地板，手拿新朋友共同工作的照片，心中涌起一阵释然：我开始原谅父亲这次漫长的消失了。我为他跟他所创造的感到骄傲，这都是他死前几年的事。

房子和我记忆里初次到访时差不多一样，但在我们到之前，父亲的女朋友已经把他的许多个人物品收拾好了，好让我们的任务轻松一些。哥哥瑞安、嫂嫂米加和我分了工：他们处理厨房和车库；我接手书房，书房里塞满了他的图书、文件和唱片。整整两天时间，我全神贯注地处理他的传记、旧照片、光盘和信件。我没有想气候变化跟未来，没有想我留下的那些传感器，也没有想群岛上那些死树。米加在我们打包好的箱子之间灵巧地钻进钻出。小小的身子护着一个"保龄球"：父亲死后不过两天，他们便发现她怀孕了，是个男孩。

瑞安说在那 48 小时之间，他生命中最亲密的关系变了，他失去了自己的父亲，而且知道自己成了父亲。然后他们一直在变。专注于在失去的同时诞生的新生命令他的前进变得轻松了一些。这我明白，他不能永远徘徊在曾经的光景里，回想着已经不再的过去。这个即将到来的小东西每天都在令这一点变得更清晰，而且我能看到，这促使他以比我更快的速度接受死亡并拥抱新生命。他的最佳策略便是适应这一变着样的世界。

回圣克鲁兹时我感到轻松了些，虽然拎着更多的东西。我拿的不多——一个咖啡杯，是我从小到大一直看着父亲用的，我又多拿了些唱片，还有几张烂了边的照片，是父亲和母亲念大学时去海滩照的。我很晚才到家，然后坐在门廊上听着海浪拍岸。空气又凉又湿，雾很厚。

扎赫船长发来了一条消息。他去过外岸回来了，而且成功地找到了我留在那儿的所有传感器。我终于可以停一会儿脚，暂时不用在各地往来奔波而可以开始我的分析了——分析当我适应着这个没有父亲的世界的同时，阿拉斯加人是如何适应变化着的森林的。

寻找金丝雀树

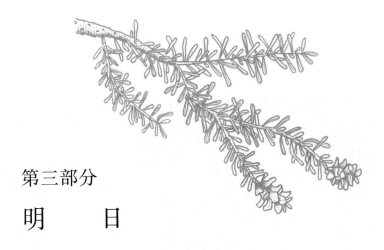

第三部分
明　　日

未来是无限个当下的相续，
而以我们认为人类所当活的方式活在当下，
无惧周遭诸恶，
这本身便是非凡的胜利。

——霍华德·辛恩（Howard Zinn）

冰川湾国家公园和自然保护区中未受影响的森林（左）与
奇恰戈夫岛上发生回枯的森林（右）。作者自摄。

第十章　度量与无量

　　哈特利（Hartley）会议室的门一直关着，直到我做好准备让大家进来。这天是我答辩的日子。斑斑驳驳的灰色地毯上整齐地摆着一排排座椅，我在座椅之间窄窄的通道上走来走去。然后我来到讲台边上站定，手指划过那光滑的漆着虫胶的木头，又检查了一遍演示幻灯片。打开门之前我弯下腰去，双手撑住地，对着正面的墙打了个倒立。我的黑色裙子滑到了腰间，我犹疑了片刻是否该再检查一下门锁好没。但这样倒立着令我感到又坚强又平静，恢复直立时，我已经做好准备迎接正式场合了。

　　房间坐满了人。保罗、埃里克、凯文和其他一些这几年指导过我的知名科学家坐在第一排，组成了我的评委会。同样是投票组成员之一的主席向我们所有人致欢迎词。我深吸一口气，然后开始了。

　　为了走到这一天，我已经在数据中埋首了一年半。当我没法在屏幕前继续坐下去时，我便整理转录稿，将稿子一叠一叠地在地毯上码开。一页页纸以专题分类，用不同的颜色标上了重点，把我的那些访谈变成了一个有形的巢。这个巢占据了我在海边的整个生活空间，而通往我房间的门变成了另一个版本的外岸树墙。跳进来、跳出去——

在墙内的森林间艰难穿行,在墙外享受开阔、回血,然后开始下一回合。

我沿着海岸踩过单车。我与新朋友、老朋友欢谈过。我去爬过山。我与家人通过电话,而这些关系都变化了。没有埋首数据时,我尽力活得充满喜乐。我更能觉察到时间了——时间一直在流逝。论文答辩前不久,我在电话中对哥哥说:如果我突然给卡车撞了,我可能会为过去的这么多年感到有些后悔。我的 PhD 正要结题,三十多岁了还是单身,而科学仍令我感到有未尽之处。

最终我的同事和我所做的正是我以为自己永远不会干的那件事。我们建立了未来气候模型,对冰川湾那些健康树木的命运进行了预测。结果跟我们猜测的一样。根据预测,积雪会减少,在未来数年这一风险会从低变高,从黄色变为橙色,再从橙色变为红色。

正在我为向各学术期刊投稿做准备时,来自生物多样性中心(Center for Biological Diversity)的一位保育生态学家联系上了我,他正在参与起草一份请愿,申请将北美金柏列入濒危物种法案(Endangered Species Act)。负责搜集相关信息的生态学家基尔斯顿·利普曼(Kiersten Lippmann)和其他参与请愿的人都翘首盼望着我从外岸带回的结果。他们想知道在发生回枯的那些林分中这一树种是否在进行更新。

2014 年 6 月,这份 27 页的请愿被提交给美国鱼类和野生动物局(US Fish and Wildlife Service),开始了正式审查。"虽然仍有一些个体幸存,"请愿书中写道,"但根据科学观察的记录,只要一片森林受到影响,在发生回枯的低海拔区域,这一树种在各生命阶段(从幼树到大树)数量均有显著减少,而在可预见的未来受影响区域的北美金柏似乎都将适应不良。"[1]请愿书相当谨慎地陈述了目前最可信的科学研究关于气候变化影响区域所告诉我们的情况——北美金柏的未来不妙。请愿书认为如果不"大幅度减少温室气体排放并禁止全部活木采伐,北美金柏会继续大规模减少。"采访过靠着群岛的森林维持生计的人们之后,我知道把北美金柏列入濒危名单有其代价。"如果没有了北美金柏,多数木材销售在经济上就会变得不可行,"请愿书承认了这一点,[2]"总要有所取舍。"我一面复审提交的文件一面想。

我的生态学数据表明了各种植物对已死和将死的树木作何反应;我的访谈表明了人们作何反应。我确乎发现在知道发生回枯和适应它之间存在着联系。知道是气候变化导致了北美金柏死亡带来了不同的行为——针对问题根源(气候变化)的行动——不仅仅是针对其地方的、在森林中的表现,而是更为广泛。但是伴随这一知识的也有风险:恐惧、无助感、悲观主义、反感——这些情感又被对这一树种本身的一种依恋感所加剧。

接近光才能茁壮生长,人和植物都是如此。对那些生活在与森林的紧密联系之中、清楚地看到气候变化的失控后果的人而言,这不仅仅意味着物理上的反应;还意味着心理上的应对、意味着情感上的应对。对一些人而言,这意味着拒绝活得仿佛自己所做的一切都没有意义;这意味着拒绝活得仿佛要改变当下发展轨迹已经为时过晚。

随着博士答辩日期的临近,那无数个钟头的访谈中间那些尖锐的时刻不断在我脑中回播。

我采访过的一个林业局雇员曾对我说:"摇摆于彻底的绝望和持

续的乐观之间可能便是现代环保主义者的困境。"我目睹过绝望，记录过失去，对人们的脆弱感和无助感发生过同情。但鼓舞着我的却是一种乐观主义：感到有力量去接受和应对另一些人仍然在拒绝相信的那件事的，正是那些抱持主观能动性的人们。

"你该再加一张'下一步工作计划'。"那个大日子之前几天，在预答辩时，同事弗兰（Fran）说。

"下一步工作计划？"

"对，没错，类似接下来你要研究什么。未来工作。"弗兰是我在斯坦福认识的最优秀的年轻科学家之一，对他而言把这一项包括在内是理所当然的。弗兰研究的是农民改变自己的农业生产活动以适应气候变化这一过程的速率和有效性，他整合各种经济和气候数据，建立了一些相当复杂的模型。这类研究对许多人意义重大，因为它关注的是气候变化如何影响农民能够生产什么，而这最终关乎我们全球的食品安全。

我做了那张"未来工作"的幻灯片。我小心地练习使用"可能"一词："未来工作可能包括"研究不列颠哥伦比亚发生回枯的森林，还有"可能包括"设计大规模调查——大量人的大量数据——以研究通过一种代表性物种——比如海岸红杉或柔软丝兰——认识气候变化的影响如何能促使人们行动起来。但每一次为实战当天预演讲话时，我都感觉下一步工作计划像我"应当"做的——作为斯坦福的一位新晋科学家我"应当"做些什么。我"应当"研究另一个"系统"，在其中气候变化的后果严峻、在其中整个社区都在直接经历的气候变化

寻找金丝雀树

的影响，其形式要么是洪水，要么是干旱，要么是大火，要么是被侵蚀的大地，在其中人们努力适应着飞速变化的环境。我应当。我应当。

我真正想要做的却是写作。

如果写作是一种发现，而科学中没有主观性的位置，那么我想只有这本书带给我解答。仿佛笼罩着群岛的最后那层散不去的雾一样，答辩时在我脑中挥之不去的是如何在气候发生混乱的同时抱有积极的观念。我想要回答我自己，也想要为我们所有人找到答案。

为什么我采访的有些人虽然对气候变化了解得那么多却对未来感到乐观？

科学太过关注系统途径和合理方法，通常很少有讨论经验教训的空间。答辩时，在展示过 p 值和表现森林植物群落动态重组的数字后，留给我的只有不多的几分钟，还有最后一个问题要解决："那又怎么样？"

"那又怎么样？所以最后的结论是什么？"我向听众发问道。在生态学意义上——我说道——虽然一些地方仍然有北美金柏幸存，但在发生回枯的森林中，这一树种在各生命阶段数量均有显著减少。而北美金柏的减少可能也为其他植物创造了机会。北美金柏死后，哪些植物、在什么时候、在哪里会生长繁荣，所有这些都会随时间而变。在生态学意义上，什么会发展壮大并非板上钉钉。

"如果你只关注时间上的一个点，情况就会相当不同，"我说。时间、环境和物种特征——物种相互之间及与环境之间如何作用——都关乎北美金柏死后什么能发展壮大。[3]树冠打开后，地衣是最早减少的；禾本科增加了，多种针叶树种竞争有利位置，决定了这些森林未来的模样；最后灌木在地被层茁壮生长起来。当树冠再度闭合时，地衣似乎会重新出现——仿佛整个群落围绕着死树形成了一个全新的结构。

就人而言，"适应可以也确实是自下而上发生的。"自下而上——这意味着当地市民改变自己的行为，而森林管理员将自己对气候变化的知识融入森林管理和实践的方方面面。在自上而下的动作以政策和法规的形式出现之前，这一切便可以发生，也确实在发生着。（关键在于，为什么光等着上层做出行动呢？）

没有一条法律因为气候变化的缘故限制北美金柏的使用。没有一条法律要求森林管理员在决定采伐哪些树、留下哪些树时考虑一棵树长在什么地方将来更可能存活。但人们却选择这样做了。

"我的研究结果表明，当人们从他们社区的成员那里了解到气候变化的影响并且通过当地环境的变化对自己所了解到的进行解读时，关于原因的怀疑就可能减少，"我说道。这一知识加上我们培养的全球关注便能带来行动——如对他人进行教育、在多种利用活动中代之以其他树种，甚至减少能源消耗。这类行动可以带来连锁效应：它们可以超越当地社区。环境作家和气候活动家比尔·麦吉本（Bill McKibben）说，只有实现规模才能令问题得到缓解；我们需要扩大行动规模，限制排放，以比舒适的速度更快的速度推动变化——但是适应始于我们的邻里街坊。[4]

我没有说出的是（因为时间不够了，而在科学上这么泛泛而谈也并不合适），在我看来，那位森林管理员试验在更北的区域植树，就像一位城市规划师考虑海平面会升到多高；就像爱荷华一位农民考虑在哪里种哪种作物；也像一个蒙大拿人清理灌木以防止森林大火扩散。在我看来，群岛的那位伐木工顺应变化的木材工业重组自己的生意，就像一个加州人安装灰水系统；就像一个因纽特人改换狩猎地；就像一个纽约人给自己的地下室配备防洪装置；也像一位保健医生思考气候变化会如何、会在什么地方影响蚊群并进而影响其传播疾病的分布。他们在将这一知识融入自己的生活，可能他们在为未来做准备，但他们也在顺应自己了解到的严峻现实，重塑着当下。他们正在把这变成日常生活的一部分，做着自己力所能及的事——努力地适应着。所有这些行动都始于理解一种为气候变化所影响的与自然的联系。这些行动始于紧迫感而非距离感。

2000 年，一位研究人与环境关系的心理学家大卫·乌泽尔（David Uzzell）发表了一项研究，研究发现个体对环境的感知责任在邻里层面最高，并随着区域变大而下降。[5] 就气候变化而言，这意味着理解我们自己的社区中正在发生什么是接受的开始。

知识。对自然的依恋，作为自然的一部分而生活，而非与其隔绝。更高的关注。回应，行动。在这一路上会有痛，会有与之相伴的一切。父亲教了我那种痛。那些树教给了格雷格、泰瑞和欧内斯汀那种痛。了解到持续变暖所带来的威胁后——受到威胁的不仅仅是那些树——我们每个人，包括我在内，都曾感到过那种痛。现在我已经明白痛苦是疗愈的必要组成部分。痛苦中能生出接受，而接受为修复关联和形成新联系创造了空间。父亲让我明白了这一点，已故的约翰·考维特让我明白了这一点，泰瑞、欧内斯汀、格雷格和另一些人让我明白了这一点。而这一树种同样让我明白了这一点。并非所有失去都意味着彻底不再。新出现的空隙又会有什么来填补？

又翻过一页展示结果的幻灯片后，我放松了一下。我在自己的汇报当中设计了这短暂的停顿——人们在这片刻之间可以理一理头绪，然后进入下一波数据和预测。

"这里有多少人去过红杉林徒步？"我问道。预料之中的那些手举了起来。

"请闭上双眼，"我对听众说，"在心中描绘一片红杉林。想想头顶的树冠，想想你怎样行走于其间。"我扫过房间中一张张面孔。人人都沉浸在自己的幻想的森林中，脸上绽开笑容。接着我翻到下一张，幻灯片上是北美金柏森林——我在那些墓场拍摄的鱼眼照片中的一张。

"现在睁开眼，想象这就是你认识的那些红杉树，你会有什么反应？

"你的徒步是否受到了任何影响？如果知道这种树的死与气候变化有关，这是否会促使你在自己的日常生活中做出任何改变？"

这是提出"什么会是你的那只金丝雀？"这一问题最为科学的方式了。

"那么，作为一位受过跨学科研究训练的科学工作者，"我继续道，"我注意到，生态学家们有时会对未来抱有一种"日暮途穷"的观念——当他们连续数天盯着气候模型和生物多样性的损失时。而社会科学家们会稍微乐观一些，他们见识过在历史上人类社区和体制是如何回应一重重悲剧而进化的。我是二者的某种混合体。追随这种树这些年让我意识到，在更偏哲学的意义上，人们如何回应飞速变化的环境与我们如何回应人生中的其他挑战有着相通之处。突如其来的死亡、缓慢的死亡、失去、我们不得不接受的变化、我们所选择的变化、新生命。"

我从自己的笔记本间抬起头来，又一次扫过一张张面孔。忽然之间，正受人评价的感觉消失了。对日暮途穷式论调的厌倦似乎引起了共鸣，而我并不是房间里唯一一个在绝望的笼罩下抱持着几分乐观的人。

"如果你知道我所知道的你会做什么？"

我 31 岁时——拿到我的 PhD 三年前，气候科学家詹姆斯·汉森（James Hansen）来开了一场 TED 讲座，讲座就是以这个问题开始的。我只有六岁时他便说过他有 99% 的把握相信地球正在变暖：科学家们可以找到变暖和温室效应之间的关联；可能干旱和高温热浪事件的发生频率都会升高。[6]科学家们批评他越俎代庖，公众分成两个阵营，有怀疑的，有相信的，仿佛科学是一种宗教，我们可以要么信要么不信。后来的活动家们将他奉为气候英雄，称他为气候变化领域的保罗·列维尔（Paul Revere）。"如果你知道我所知道的，你会做什么？"这既是在就科学家之为科学家提问，也是在就人之为人提问。

1988 年 6 月 24 日，时任美国国家航空航天局戈达德太空研究所（NASA's Goddard Institute for Space Studies）负责人的汉森，当着美国参议院议员们的面证实了气候变化。当时许多科学家对这一问题的重要性含糊其辞，而且不断对他们的未来图景模型修修补补。但是汉森在关注最紧急的问题——他已经确定在人类活动、大气效应和变暖之间存在联系。[7] 他是一位物理学家和数学家。他和他的同事大气科学家谢尔盖·列别德夫（Sergej Lebedeff）使用一个世纪以来收集的地表温度记录对全球温度做了首次分析。结果表明温度有明显的上升趋势。[8] 在我看来，如果说有一位科学家永远地改变了与气候相关的公共话语，他便是詹姆斯·汉森——那只站在国会面前的金丝雀。

汉斯作证时我还太小，理解不了全球变暖意味着什么。而这门科学本身也在发展，而且仅仅是刚刚开始进入公众视线。研究者们正在全力应对自己的研究结果引发的一系列后果。但今天望着汉森当年作证时的照片，我仿佛又回到了儿时家中的起居室。哥哥和我双腿交叉坐在一张锈红色的东方小地毯上，旁边立着个老木头柜子。父亲手脚打平，躺在一张沙发上，双脚搭在远端的沙发扶手外，而母亲则挺直身子坐在另一张沙发上。她小口啜饮着健怡可乐，细细地读着报纸。汉森正对着一个麦克风讲话。他的声音很平静，表情相当严肃。西装革履的他身体前倾，仿佛那些话和数字还不够响亮，还不足以揪住在场的每一个人的心似的。

小时候，我坐在那张扎人的羊毛毯子上看到了肯尼迪航天中心"挑战者号"的爆炸。再晚一些，我穿着睡衣双腿交叉，在晚间新闻里看到了柏林墙的倒下，看到了天安门广场上爆发的抗议。但当知道了我现在所知道的，此刻再望着汉森1988年的那张照片，我的思绪却飘到了里麦克·华莱士（Mike Wallace）采访杰弗里·威甘德（Jeffrey Wigand）的那期《60分》（60 Minutes）节目上。在节目里，杰弗里作为知情者揭发了烟草公司的勾当。这期节目1996年的直播我也是在起居室里看的。

我记得当时自己望着真相能带来改变，对于烟草改变确实发生了。对于滴滴涕杀虫剂也一样。但是直到今天——距离汉森告诉国会他有99%的把握相信气候变化模型已经过去了几十年——我们已经有了更好的估计、更好的预测，对导致变暖的行为有了更好的理解。同时，冰川在融化而海平面在上升，更多人经历了高温热浪和干旱，发生了更多的胁迫和死亡——直到今天，仍然有人对此充耳不闻。这些人说光有科学是不够的，他们说经济和政治方面的障碍太大了。

　　基于真实的测量温度数据，汉森的全球平均值表明了科学界早已预料到的事。到1861年时，我们已经知道一些气体会导致地球表面升温，其作用就像一床毯子。约瑟夫·傅里叶（Joseph Fourier）和霍勒斯·本尼迪克特·德·索绪尔（Horace-Bénédict de Saussure）两位物理学家对太阳和地球的热量在大气中的传播进行了观察和推测。受其启发，英国物理学家约翰·廷德尔（John Tyndall）在进行实验后发现二氧化碳这类气体会吸收热。[9] 1896年，瑞典科学家斯万特·阿伦尼乌斯（Svante Arrhenius）建立了首个气候模型；这一模型表明地球大气层二氧化碳含量增加会造成地球平均温度的升高。[10]当汉森在参议院委员会上发言时，温室效应当然已经不是什么爆炸新闻，真正骇人的新发现是对这一变暖的记录已经遍布了全球。

　　2008年，马克·鲍文（Mark Bowen）出版了《审查科学：政治攻击詹姆斯·汉森博士的背后与全球变暖的真相》（*Censoring Science: Inside the Political Attack on Dr. James Hansen and the Truth About Global Warming*）一书，在书中，他指出汉森在20世纪80年代受到那么多的怀疑是因为对于全球气候系统没有其他科学家有他那样的洞见，甚至连接近的都没有。[11] 这当中有某种直觉因素：某人对一个问题的理解已经深到唯一，当然的做法就是站起来秉公直言。我想这样的人包括杰弗里·威甘德，也包括蕾切尔·卡森，还包括出版了《自然的终结》（*The End of Nature*）的比尔·麦吉本。

他们的声音都源自深入的了解——他们的信念也基于此。继续使用滴滴涕将使鸟类沉寂。吸烟将继续导致肺癌。我们仍在不断排放到大气中的气体会继续改变气候系统。"海浪冲向海滩，侵蚀了沙丘，摧毁了房屋——这不是大自然的威力，而是为人类的威力所改变的大自然的威力，"麦吉本写道，当时我八岁。[12]

那天在哈特利会议室做完报告后，我回答了许多问题，后来与我的委员会开闭门会议时也是。问题有关于样地设计和温度比较方法的，有关于征募参与者的，还有关于局限性、森林管理建议跟在进一步变暖的背景下我们的国家公园和特别保护地的未来的。

仍然折磨着我的已经不再是科学，而是另外两个我需要为自己解答的问题。

"知道这些之后你是如何生活的？

"你对未来是否抱有希望？"

这是今天我的学生们问我的问题，是他们听到我花了六年时间在研究什么过后提出。这是在旧金山时一位出租车司机问我的问题，是坐飞机时我邻座的人们瞟到我的电脑屏幕后问我的问题。这些问题来自那亮红色的未来预测，来自一个衰亡中的种群，来自那些表现一些人正是失去什么跟他们因为所了解的又有何感受的图表，来自继北美金柏之死而发生的种种、种种。

如果你相信气候变化正在发生，如果你接受升温至少一个摄氏度在所难免，那么这些问题便不是危言耸听，而是逻辑必然。

没人这么问。如果有人这么问了，在答辩会上我也会无法完整作答。这些问题是研究本身的副产品，是科学无法与生活经验绝缘的结果。

存在着一个由可度量事物组成的客观世界——在其中，我可以确认树种、统计幼树，可以对受气候变化影响的森林进行基于大型数据集的运算。存在着一个客观世界，在其中，总结自访谈的模式表明了与自然联系最紧密的那些人也是当周围环境发生改变时最愿意做出行动和回应的。这样便有了一整个不可度量的领域，与可度量的那些彼此深深交错。在其中，为了适应人们必须合作，必须跨越各种边界开展工作——因为气候变化没有边界；在其中，损害的减轻既需要人们克己，又需要人们大胆行动；在其中，我所感到的跟我所知道的同等重要。这源于一种基于知识的直觉——在这种直觉的引导下，汉森向其他人发出警告；在这种直觉的引导下，人走出对未来的恐惧，获得对生存的信仰，人所想的不再是"根本没有什么我能做的！"而是"我能做的真多！"

在我的分析中，我从没用过自己的访谈程序中那些"态度问题"的数据。这些问题是我每场访谈结束时问的——什么是最令受访者担忧的环境问题以及如果我们能，那么我们能做什么。在把气候变化当作自己的头号担忧的人那里，我从未达到过饱和点；我一直无法预测某人会感到我们能做的很多还是根本没什么能做的，也无法预测他会感到人类的未来在气候变化的挑战下前景惨淡，还是会感到我们可能有一条更好的前路。

当我系统地寻找结果时，我同样什么都没找到。我心里的那个科学家说："噢，可能样本量太小了。可能如果设计一个新方案，对那些了解气候变化及其后果的市民进行大规模调查，我就能更好地了解他们对未来所抱的态度，了解他们如何开展生活——了解他们做什么、不做什么。"

"知道这些之后你是如何生活的？

"你对未来是否抱有希望？"

记得在答辩前晚，我躺在床上想着，可能这些都是科学领域以外的问题，可能它们位于科学领域以外是"应当"的。如果我无法预测哪些人抱着乐观的心态、哪些人认定我们已经日暮途穷，这可能也意味着我们每个人都可以选择。我可以选择。

了解到世界如何飞速变化、伤痕累累且持续升温之后我要如何生活？这个选择在我自己。我想要培养怎样的态度？我希望拿我的知识做些什么？我拒绝在绝望和无助的烂泥中打滚，这意味着我选择乐观。

我想，格雷格·史翠夫勒可能会说："停下脚步来，留在一个地方、一个社区中，简单地生活。要以身作则。"我目睹了他在古斯塔夫斯创造的生活——扎根当地，化石燃料消耗极少。他停步伫立以最大化与地方的联系。他扎下根去，享受好的也接受坏的，留心周遭发生的变化并慢慢适应。伫立、安于室、追踪四围的变化、简单生活、部分抽离于土地——这便是格雷格抱着自己的所知做出的选择。"可能格雷格就是那个理想榜样，"我想，"我能活得跟他一样吗？"我自问。"不。"感觉这不像我的解决方案，但有时最极端的那些回应甚至异常值也能令人加深对大多数的理解。麦吉本说，榜样相当重要，但他家里虽然装着太阳能板，自己却搭上飞机去倡导人们为气候行动起来，因为他感觉"单靠做加法"不会有用。[13]

"他们位于两个极端，"我想。一个安于一地尽一己之力，另一个东奔西走寻求更广的听众；一个采取个体行动，另一个敦促人们集体行动。我想，两条路包括两者之间的全部，我们统统需要。化学和物理曾经作为触媒加速了变暖，同样，人们也需要成为彼此的触媒，相互激励，创造一种更大规模的回应。在这一情况下，蓝图并不在某一个人或某一群人手中，而是我们通过大大小小的行动、通过彼此关爱、通过对不属于昨天也不属于今天而是属于未来的某种社会形式保持开放来绘制的。

我所采访的阿拉斯加人中约有四分之一特别指出：他们对环境的首要担忧是全球变暖、气候变化或由气候变化导致的海洋酸化。但他们就如何应对给出的答案却五花八门：

"有些什么是我们能做的，我希望我们能做得更多——如果我们能发现更好、更便宜的能源。

"有很多我们能做的，但我们会去做吗？我们愿意做的牺牲是有限的。

"能做的很多，而我们都没做。

"我是个乐观主义者。有很多我们能做的。我们这个国家跟我们这个世界需要做出一些艰难的决定，而政治跟贪婪可能会成为阻碍。但已经有人从社会视角跟环境视角认识到了这一决定的重要性，而商业在其中也会发生作用。

"我想没什么是我们能做的。"

早在自己答辩之前很久我就把所有这些答案做成了一份电子表格。我试图寻找模式，但能找到的只是难以预测的绝望跟乐观，还有在两者之间的摇摆。

大规模调查能表现全国范围的趋势，能为整个美国画像，这是我仅仅在群岛展开的深度访谈所无法实现的。跟我在哈特利会议室进行论文答辩差不多同时，耶鲁气候变化交流计划（Yale Program on Climate Change Communication）发布了新一期气候变化公众感知研究。《全球变暖下的六个美国》（*Global Warming's Six Americas*）基于调查回答将美国公众分成六组，调查问题包括人们对全球变暖相信多少、是否参与其中，以及是否在进行其他方面的工作。研究者发现：虽然有三分之一的人口对气候变化持怀疑态度、漠不关心或不屑一顾，但余下的三分之二人口却因此惊慌、担忧或表示谨慎。[14] 在2016 年 3 月最新一期《六个美国》中，这一数字变大了，这表明自汉森第一次呼吁以来我们不断地实现着进步。

《六个美国》研究也表明 45% 的美国人属于社会中关切程度最高的两组——惊慌组跟担忧组。这些人完全相信气候变化的真实性的严重性。其中惊慌组已经通过进行政治和消费者运动采取了个体行动。[15] 这一研究结果在当时的我看来相当振奋人心，现在它仍然如此，因为这意味着我们正在开始将这些情感转化为一种更强的力量。在阿拉斯加目睹过那些知根知底跟感到担忧的人们如何拒绝袖手旁观之后，我相信还有更多可以利用的潜能跟动力。

寻找金丝雀树

答辩过后一周，我在圣克鲁兹的房东决定把家搬回来，于是我得在三十天内找到一个新地方住。我把这当成了可以自由地漂上一阵的信号，找了个临时的落脚地，计划在那儿待到毕业然后回阿拉斯加。我曾向采访过的那些人保证过会回去与他们分享自己的发现。我曾在外岸森林、在当地社区与林业局和国家森林管理局工作，我还会回到那里，汇报自己的研究成果。

我还在编辑手稿跟修改论文，但我的注意力已经从吹毛求疵修改改转移到了更深的个人意义上。我抵挡住了马不停蹄地奔往下一站、在地球上另一个地方研究另一树种回枯的压力和机会，在这一课题中为意义——为我的意义——创造了空间。我把一箱箱材料塞到另一个储物格子里，把我在群岛记下的所有个人日记仔细地放到一边。

如果一位研究癌症的科学家为人类健康发声，我们会说这是为公众利益发声；如果一位教育家就市中心公立学校写文章并承认更好的教育成果是大家的共同目标，没有人会反对；但如果一位科学家为环境发声，即便情况已经威胁到了人们、威胁到了他们的生计——甚至威胁到了全人类——我们会说这是倡议，或者会宣称："有倾向性！"保健专家可以为公益发声但气候科学家不行。为什么？关怀那些受影响最重的那些人的如何适应何时才会成为优先事务？和流行病一样，极端天气也会带来整个社区的毁灭，但什么时候我们才开始为避免迫近的下一次事件投入精力呢？

如果在答辩时我能把话说得更开一些，我会说我们没必要干等或者只是干望着会有什么横扫一切、跟我们所面临的气候问题规模同样巨大的政策来告诉我们要做什么。等待自上而下的解决办法只是为自下而上的无所事事找借口罢了。适应要求我不再把气候变化当成别的什么人的问题，而承认它正是我自己的问题。它要求我不再只想着"全球"危机，而开始看到我身处的社区在发生什么，然后再上升到更高一层。它要求我想到更脆弱的那些人群，并且问，为我们每个人问："我能帮些什么忙？"这便是这种柏树跟与之关联的所有人教给我的东西。就气候变化而言，地方层面发生了什么是重要的，因为人们正是在地方层面开展生活的。

迈克尔·E. 曼（Michael E. Mann）是为政府间气候变化专门委员会（Intergovernmental Panel on Climate Change）第三次评估报告撰稿的科学家之一，在《曲棍球杆和气候战争》（*The Hockey Stick and the Climate Wars*）一书中，他解释了纳入 2001 年报告中的地球升温的"曲棍球"曲线背后的科学道理。作为曼跟团队的研究成果，这一图表引发了激烈的争论。曲线上有一段如曲棍球杆的打击部——一条相对平缓的线持续数个世纪，微微向下倾斜表现出变冷的趋势。然后是杆部。工业化革命开始后曲线呈垂直状迅速上行。曼写道："20 世纪 90 年代末首次发表我们的曲棍球杆研究时，我相信科学家的工作，简单来说，就是进行科学研究……我相信科学家应当抱一种完全不受感情左右的态度讨论科学问题——我相信我们应当尽自己所能地摆脱我们的所有典型人类倾向——比如情感、同情跟担忧。"但是，他加上一句："自那以后我所经历的一切已令我相信我曾经的观点是错误的。"[16] 作为奥克斯博士，我允许自己回到这些人类倾向——回到情感，回到同情，回到担忧。

在开展研究的六年间，就气候变化而言我已经成了知根知底的那群人中的一员；这是这一树种赠予我的，是福是祸谁又能说得清。我那些研究气候变化跟其他与之相关的严重环境问题的科学家同行们也经历过一些什么，却因为科学和个人利益的分立而对此缄口。B（K-A-B 模型中的行为）知道这些之后你会做什么，你会如何应对？

再度北上之前，我联系了好几个同事，开始了一场我们之间从未有过的交谈。

我写道：

> 我们的研究课题都相当具有挑战性，而且常常会带来一种日暮途穷的感觉。不知道你是否有此经验，不过当人们得知我这些年在研究什么的时候常常会问："你哪儿来的希望？"我猜这个问题你们人人都遇到过，甚至有可能自己问过自己。
>
> 当你在环境变化意义上想到未来时，你会如何区分希望跟信仰？想到（地球、人类或自己的）未来你是否体验到其中之一，还是说二者兼有？对你而言信仰与希望的不同何在？
>
> 欢迎表达你愿意与我分享的任何思想。

科学家们太忙了。工作时间极长，待办事项清单无穷无尽。电子邮件经常没人读，要么就是被瞟上一眼而得不到回复。我斯坦福的一位同事说她平均每天会收到一千封电子邮件。我料想没人会回复。但那天下午的回信持续不断。一位与企业合作在农场层面改进农业实践的同事写道：

> 我希望我们能创造一个更可持续的未来（这一说法表明我明白实现这一目标需要努力）但如果我们只是坐着干等，那么我对于事情会有所改善并不抱太多信仰。

一位在一些沿海社区开展工作，研究海平面上升影响的同事写道：

> 因为（还是说尽管？）我知道我所知道的，所以我想要未来还有希望。而我想，一个建立在对进化、热动力学、相对论等宇宙法则的深深尊敬之上的未来会是一个有信仰的未来。我希望我们（作为人类的一员）能共同行动，对人口跟企业霸权等进行控制，以更好地管理地球这个我们赖以生存的家；我信仰事情"最终"总会更好的；（基于一些证据）我预料到事情会先变得糟糕得多。我想这本身并非悲观主义，但这是我一度努力重新聚焦我本人的研究工作的原因之一，我希望我的工作范围足够小，小到我能对当地社区（不论是人、地方还是生态系统）做出一些积极贡献，而这对我个人相当重要。

一位受雇于土地信托公司的同事写道：

> 我想在我看来，希望较之于信仰就跟惯例较之于仪式一样。什么意思呢？就是自我——我从自我谈起吧，因为这是我思考得

最多的一个点。在我看来希望跟惯例差不多，这些是你每天都要做的事，是某种程序或者说清单的一部分。而信仰跟仪式则存在于更高的一个层面。你能给自我给别人都可以更多，只要你专注于生活中那些重要方面：为善、感恩——这些是过有目的的生活的根本。环境：在继续做更大的事情——也就是你的工作——之前，你必须考虑关于自我的仪式和信仰，我就这一事实思考过很多。我想在某种意义上造成环境问题的正是自我惯例和自我意识之间的脱节。我一直是个乐观主义者，总是看到至少还有半杯水。我相信我们能够做出改变。我相信我们有能力疗伤。我们总会找到解决方法的，即使这种方法不如我们"希望"的那样精确、理想、正当。

一位研究如何提高全球供应链可持续性的同事写道：

> 在我看来，希望差不多像某种消极的东西。你只是"希望"一切会好的。只有当我再也做不了什么时我才会求助于希望。与此相反，信仰却带着某种坚决的意味。它要求人行动起来。它并不消极。我努力不就未来想得太多，但在研究今天的环境问题时，在努力寻找解决方法时，推动我的正是信仰。

"我努力不就未来想得太多。"这句话引起了我的注意，它像是一种应对的方法。我也做过同样的努力，并且彻底失败了。

我们接受的科学训练要求我们保持超然——用曼的话说就是"抱

一种完全不受感情左右的态度"。做到这一点在某些科学分支会比在另一些更容易。我曾在斯坦福选修过一门建模课,授课的那位生态学家是以研究蝴蝶的飞行路径开始自己的专业生涯的。但我相信绝大多数时候对环境问题的关注都来自某种水平的自觉不自觉的担忧。最后我们这些受过训练的科学家坐在那儿讨论方法和误差幅度;与此同时,某个物种正面临毁灭,可能一场洪水令整村的人失去了家园,也可能地图上世界正在变红,表明着未来的升温。我们(科学家)想要正确答案,我们也不得不寻找正确答案,所以大家把全副精力都投入了实操的、严谨的、绝对关键但也是平庸的工作上。我在斯坦福的研究生计划是个例外:我们的训练令我们学会形成新洞见并为一系列紧急问题——从气候变化到淡水的可获取性,再到人类健康和卫生——寻找解决方法。但在我的个人生活中,我总感觉努力不就未来想得太多像一种逃避。

那年夏天我答辩之后,《时尚先生》(*Esquire*)杂志刊出了一篇文章,标题是"如果研究人类文明几时结束是你的日常工作(*When the End of Human Civilization Is Your Day Job*)"。[17] 文章提到气候科学家们已经望到了黯淡的前景,却无法就此公开谈论。文章重点介绍了国家大气研究中心(National Center for Atmospheric Research)的资深研究员杰弗里·基尔(Jeffrey Kiehl),他一度中断过气候建模和预测工作,去攻读心理学学位。"经过十年的研究,"文章写道,"他得出结论:消费和增长已经成为我们个人身份感的核心,而对经济损失的恐惧造成的焦虑令人麻木,毫不夸张地说,我们已经无法想象如何做出必要的改变了⋯⋯气候科学家的不同仅仅在于他们保持超然有专业的借口，只有当年龄更大一些后他们才承认这对他们的影响有多大——与此同时他们也常常会变得更敢说，"基尔表示。文章还引述基尔的原话说："在某个时刻你会开始感到——没错，不是想到而是感到——'我得做些什么。'"

我在阿拉斯加的工作让我明白了"做些什么"并不仅仅在于通过各种小小的行为努力减轻影响、教育他人或减少家庭能源使用，也在于找到应对未来情况的方法。"做些什么"在于在消极的笼罩下寻找积极，拥抱机遇，并接受某些难以避免的失去。这是出自信仰的行动，走在我们社区的前面，并把信息传播给其他人，而不仅仅是让希望飘在风中。"做些什么"也在于相信，如果个体行为的集体效应导致我们陷在一团混乱中，那么我们也能拉自己出去。

"信仰要求人行动起来。它并不消极。"这句话也令我颇有共鸣。丽贝卡·索尼特（Rebecca Solnit）曾写道："希望不是一扇门，而是一种感觉——某处可能有一扇门，可能有一条路能带我们走出此刻的困境，虽然我们还没找到也还没踏上这条路。"[18]但我个人从未感觉希望能带来力量。希望是充满惆怅的。希望让我感到仿佛卸掉了个人的责任，指望着别人来解决问题而不是思考在我自己的能力、主观能动性跟选择范围内我能做些什么——虽然我只不过是陷于数十亿人造成的这一境况中的一个。可能面对气候变化的时候，我们需要放下希望而为彼此担起责任。我的乐观主义与信仰紧密相关，不是宗教意义上的信仰，而是一种信念：我们仍然有力量、有能力走出一条全新的未来之路。

"我一度努力重新聚焦我本人的研究工作……我希望我的工作尺

度足够小，小到我能……做出一些积极贡献。"这一点我也相当赞同。气候模型和全球经济固然重要，但如果有另一位科学家或教育家或新闻编辑正在为着要关注什么举棋不定，来询问我的观点，我会说比起做更多的全球预测来，今天更为紧迫的工作是研究地方影响。大数据是有力量的，而减轻经济上的影响需要力量。但如果说适应始于我们的邻里街坊，这门科学就需要匹配个体行动和决策的尺度。作为公民，你和我、我们每一个今天在努力应对着或明天不可避免地要开始应对的人，我们需要对气候变化如何影响直接的联系有更深的理解。推进地方环境中的改变较之处理红色的地球需要做的工作更多。我的家园栖息地（不论它是正在上升的大海之滨的一座城市，是正在承受着酷热煎熬的一座内陆城镇，还是坐落于正受大火威胁的森林边的一座村庄）出了什么问题？我的水源出了什么问题？我吃的食物跟种它的地方又出了什么问题？明天我们又能在那儿种什么？

两个圈——自然和自我——一个叠在另一个之上，完全融为一体。如果对自己做这个访谈，这便会是我的选择。因为在这里，自然不再是某种外部性。因为在这里，问题不再是我们对他者——娜奥米·克莱因（Naomi Klein）以此描述与地球的生态系统相对抗的经济。[19]因为责任感开始自然和自我彼此的交融。而这有其代价——失去之痛（我的研究向我表明了这种痛，同样，我也经历过这种痛）。自然和自我融为一体也有其益处——关心、关切、行动的动力。

汉森、曼，还有《时尚先生》那篇文章提到的所有气候科学家——他们望向飞速变化的世界是透过一扇窗，构成这扇窗的是许多毫无希望的数字。他们被困在一派荒凉的景象中。但从自己的窗户望出去，我却看到"有很多我们能做的"。

　　加州很热，我穿着人字拖，橡胶靴和防水袋都塞进了我的小小蓝色斯巴鲁。离毕业典礼扔帽子已经过去几周了。我沿着海岸向北开到贝灵翰，把车留在一个朋友那儿，然后上了渡轮。我又回阿拉斯加了——首先是以研究者的身份去分享研究成果，其次是以作者的身份去填补空缺。同时我还有一重身份：作为一个公民，怀揣我所知道的，做着我所能做的——不论我的行动多么微不足道。

第十一章　最大的机会

回到一个一度是自己的全部的地方总会伴着一种混合了忧伤、陌生跟美好的感觉。这是时间通道上一道意外的关卡、一份曾经的记录、一面往昔的镜子，回归令人清楚地看到什么变了而什么还同过去一样。

我望着贝灵翰的建筑消失在远方。船走上了熟悉的老路——经过温哥华岛，然后顺着海岸线北上，最终经过海达瓜依（Haida Gwaii）岛。第二天晚上我们进入了群岛中间，水路变窄了，两侧紧邻着茂密的森林，不再有毕业截止日期的压力，我感到了几年来从未有过的轻松。

我把自己的东西放在一扇大窗旁边，整趟旅途的绝大多数时间我都在写作。我一一看过收到的所有邮件，就希望跟信仰做了笔记，然后开始头脑风暴，思考自己想要问其他科学家什么问题。我又对自己的汇报幻灯片做了些调整，汇报地点在彼得斯堡（Petersburg），林业局的区域领导会来这个小镇开会。我望着一路经过的森林，等待着第一眼看到死树的时刻。我们经过一群正在进行气泡网捕食（Bubble-net feeding）的座头鲸。它们拍着鳍，头竖直上探，身体在海面组成一个圈。它们齐心协力地工作，飞溅的水花间涌出一圈圈气

　　　　　　　　　　　　　　　　　　寻找金丝雀树

泡，气泡网能震晕猎物，所向披靡。

在彼得斯堡那些天我最记得的是汇报之后的失望感。可能我的期望太高了，我曾经想着能和阿拉斯加林业局的管理员们跟决策者们坐在一起进行一场真正的对话，讨论采取新措施对整个国家森林的种群进行管理。我以为我们会更多地讨论植树，讨论采伐死树的可行性，讨论更进一步保护这些树木或帮助其转移到更有利的栖息地会有什么代价或者有什么问题。这是我采访过的人们谈到的策略，这些是管理员们已经在个体层面上开始试验的行动——在变化的气候条件下尽可能地利用机遇并缓和伤害。但在林业局的安排里，我的讲话是报告性质的而非面向决策的，所以事情就这样了。

我深感失望。可能是我的预期有问题；可能是因为我没有马不停蹄地奔往下一站研究另一种树的回枯而是想要我的研究对这一种树发生影响；可能这也只是又一个意识到面对气候变化要达成任何行动共识都无比艰巨这一事实的时刻。这需要信仰。这需要关切。这需要倾听科学并将之翻译成作为一个社区或一种文化或一整个物种的我们所共同重视的什么。这需要投资——而将资金分配给风险或未来可能性将削弱今天的投资。这需要人能破除制度壁垒，超越那些在我们还根本不知道气候变化时制定的法律并且基于我们现在知道的制定全新的法律。植树要花钱而且要耗费极大的精力。可能花在这上面的精力会是徒劳无功。把更多的树木保护起来意味着伐木工的日子会难过。

结束汇报后那晚，区域林务官贝丝·彭德尔顿（Beth Pendleton）在街上截住了我。彼得斯堡——也叫小挪威——是个小镇，一个多世纪之前才开始有一些挪威渔民来此定居。我正走在北欧路（Nordic Drive）上，一面闪避着渔人们，一面找吃饭的地方。

"感谢你做了这么多艰辛的工作，"贝丝说，"关于这一树种的未来你给了我们许多启发。"

"我希望我的工作能有用，"我回答道，能有机会谈得更深入令我相当振奋。"这一直是我的目的——生产有用的信息：关于生态学的，还有这对阿拉斯加人意味着什么。"

"噢，那些已死和将死的树对阿拉斯加人意味着什么是最吸引我的部分，"她说，"在我们所管理的森林生态系统中，北美金柏只是一个物种，但它却又是相当重要的一个物种，是与阿拉斯加本土社区紧密联系的一个物种。所以你采访过的绝大多数人认为林业局应当做些什么是吗？"

"没错，"我说，"各人对这个'什么'的理解相当不同：当地织工想要保住这些树身上存留的先祖遗传，而伐木工想要采伐。我无法代表全体阿拉斯加人或阿拉斯加东南的所有人发言。我只采访了45个人。但是没错，我采访过的人中利用跟依赖北美金柏的那一些，他们普遍感到我们应当做些什么——植树、实施保护、向北美金柏倾斜、与公园管理局开展跨界合作、监控。应当做的事一抓一大把。"

"那么失去怎么说？"她问道，"对失去的应对主要是文化上的吗？"

"任何依恋这些树的人都会有所失去，"我说，"但是无形价值——就是那些不仅仅存在于经济意义上的价值——无形价值的损失带来的情感伤害是不同的。挑战还跟从前一样——需要在森林的不同用途之间实现平衡，只是现在又多了气候这个胁迫因素。"

　　　　　　　　　　　　　　　　　　　寻找金丝雀树

我们又谈了几分钟，她再次向我表示感谢并请我到时寄一份最终的出版稿给她。

"五分钟，"我们各奔东西后我一面走一面想，"你花了五六年研究一个东西，那东西成了你的全部，然后只给你五分钟时间提建议。"我相当失望，因为那天下午没有人提出什么策略或做出什么决定，但我安慰自己说我至少产生了不多的影响：信息获得了共鸣。贝丝还在想着这整件事。我有证据表明与这些树联系最紧密的那些人已经开始适应了。我仍然坚信人们会继续努力。

那个夏天我在朱诺、锡特卡和古斯塔夫斯做了更多的汇报。我以《国家地理》（*National Geographic*）杂志划艇向导的身份回到了冰川湾。在水上度过的几个星期让我和科学拉开了距离，进一步为意义创造了空间，也令我得以把我关于那些树、关于气候的知识分享给我带领的人。甚至在狂风暴雨的天气里，卸下了收集数据的使命的我仍能看到周遭有更多的美丽。但那几个星期也令我感到相当空虚，仿佛一种逃避，仿佛怀揣自己已了解到的一切，我仍做得不够。

我发誓要让最后一批论文得以发表。我发誓要继续向人们提那些关于希望、信仰跟前景的问题。我发誓要继续写作。我发誓要利用我们关于气候变化所知道的做更多，而不仅仅是开展更多的研究。我样样事务都围绕这些承诺安排：收到各科学期刊的论文返修意见后，我去朱诺租了个地方待了几周；我和斯坦福签订了一份兼职研究协议，后来又签了一份教学协议。如果我能高效率地做好每一件事，这一工作量便能留给我继续写作的时间。

在朋友和同事面前，我把接下来几个月的事务称为清理窗口期，因为在其间我会联系其他研究者——比如对全球森林死亡事件规模进行过综合分析的科学家克雷格·艾伦博士——我要问的不是物种对干旱或者温度上升的脆弱性，也不是统计学跟方法，而是他的研究怎样影响了他的生活。他是否生活在恐惧中？怀着自己的所知他早晨怎样醒来又怎样和世界打交道？我在清理窗口期做了这些事情。我提出了那些作为生态学家的我从未提过的问题。在清理窗口期，我基于自己的日记、笔记和更多的采访进行写作。加州大地的斑斓色彩深化了我对群岛的记忆，深化了我对自己在外岸那深深浅浅的灰色、蓝色和绿色之间开展的全部研究工作的记忆。

在我们通话之前，克雷格·艾伦博士给我发来了一系列文章。我一一读了还没读过的那些——文章标题包括"……长期温度上升导致针叶树大规模死亡的预测""进行中的森林生态系统重组……""……对全球树木及森林死亡脆弱性的估计不足……""干旱期全球森林较大树木受影响最重"。[1] 继之他于 2013 年在《高乡新闻》（*High Country News*）上发表了一篇文章。在杂志封面上他穿着一件美国地质调查局（United States Geological Survey）绿色羊毛外套，旁边还站着另外两名身穿法兰绒格子扣领衬衫的科学家。他们站在一棵西黄松下，松针焦黄，已经死去。"树木仵作"，文章这么称呼这一团队。[2]

"知道什么样的树种在什么样的条件下能存活将会帮助管理者们决定是否、怎样以及在什么地方采取措施提升森林的韧性，"米歇尔·尼胡伊斯在编者按中写道。[3]

"对人也一样，"我想。为了令我们的社区更有韧性，需要我们做出决定的不在于是否，而在于怎样跟在什么地方。

美国西部西黄松林照片所表明的模式我已经熟悉得不能再熟悉了：一大片区域上伫立着死树的枯骨，仿佛成千上万的牙签扎在地上。"要为未来做计划，模型相当有用，但是我们不需要等到模型完善才开始应对气候变化对森林造成的影响，"《树木仵作》一文的作者写道。

"对人也一样，"我想到了汉森。那么久以前他就给过我们模型了。

作为研究已死和将死树木领域的同行，我有问题想问克雷格，但我更期望和他谈谈他开展这项工作过程中的经历。我希望他把我当作一位科学工作者认真对待，所以一开始就跳到个人问题令我感到紧张。我们需要逐渐过渡到那里。

"你最初是如何进入森林死亡事件这一研究领域的？"我问道。我想这一友好的开问能让我们站到一个共同基础上。克雷格把时间拨回 1989 年，谈起了他在新墨西哥的杰米兹山区（Jemez Mountains）开展的博士研究。

"噢不，"我想，"我们讲电话的时间就半小时，幸运的话可能一个小时。"我相当确信如果继续谈博士研究，我们就永远到不了个人问题了。

克雷格就新墨西哥的杰米兹山区景观变化写作了 346 页的博士论文，其中有几段藏着他所谓的最有趣的发现。在他研究的区域，西黄松林的低缘死亡了。这些树正在沿着山坡向上转移。[4] 克雷格说当时的观测也可能是谣传性的或仅仅是某种地方现象。但数年之后，当这一研究细化并发表在《国家科学院院刊》（*Proceedings of the National*

Academy of Sciences）上时，曾经的地方现象已经成为了全球现象。[5]

"另一些人也在全球各地进行类似研究，你开始从他们那儿获得信息了吧？"

"没错，"他说，"他们实现了一种全球变化焦点。这种事情是人们预测会在某处发生、确实也发生了的。"克雷格开始大谈研究细节和杰米兹山区的森林变化。我看着时间一分一秒过去。我感到无法打断他，但我试着谈了谈科学以外的层面。

"我想我感兴趣的，"我说道，"是基于所有这些年来所有这些工作的一种更为整体的视角，还有你的经历——"

"好吧，"他说，"所以一进入 21 世纪，大火就成了主导。2000 年那年发生了大塞罗（Cerro Grande）大火。这个名字你熟悉吗？"

"不熟悉，恐怕我们没有时间谈这种大——"

"对，当时的场面真是大啊！"他打断了我，"这是一场十亿美元级别的火灾事件。"

在就这一悲剧性事件和其后的研究做了一番长长的解释之后，终于有些什么触发了更为个人的东西。"我开始考虑——"克雷格说，"如果我真的认为地球上那些老树会在这个世纪死亡，好，那么，此刻应当做的最重要的事情是什么？"

"完全正确！"我大声说，感到如释重负。突破口打开了。"我对正在发生的这些树种回枯的思考更多是实操层面的。它们如何影响着人们？"

"你知道，如果我们发现对于世界很大一部分森林两个摄氏度的升温已经太多，那么我们可能会为此感到懊悔，因为在今天这一幅度的升温几乎已经是必然了。"他说。他改变了节奏，之前他的一系列数字、日期和事实报得飞快，现在他考虑如何作答则更慢更谨慎。"对，存在这样一些问题——可能的反馈，还有碳循环也会影响到人们。五角大楼这类实体和其他许多决策者之所以从社会视角出发担心这一星球的稳定，其原因正是在于存在这些反馈。但是我所谈的是更深层的东西，是古树，那些标志性的古树，我去到的每一处都有这样的树。"

"我们终于谈到点上了！"我说，"快说说看，请继续！"

"唔，地球上的每一个地方、每一个社会都与树木尤其是古树有深深的联系。有一些树是特别的、是神圣的、是历史性的、是纪念性的。它们嵌刻在人类文化的每一个层面。但是许多时候，这些巨型古树，也就是这颗星球上那些神圣的、特别的树在我们目前预期的各种温度变化下——至少在没有特别照料的情况下——是无法继续存活的。预测这一点不需要建模，因为我们已经看到一个摄氏度的升温就导致了相当大规模的影响。我想有很大的可能到这个世纪末时，在一个相当不同的气候下，最美好、最特别、最酷的一些标志性的、独特的巨型古树、原始森林、神圣的小树丛和森林，或者说这颗星球的植被都会重组。而这意味着什么呢？这意味着我们中间对此有所了解的那些人的失落感将会与日俱增。"

"你现在真的谈到点上了！"我说，"我在开始自己的研究时想着人们的反应会是某种行为上的变化，就好像他们怎么要换一种方式利用森林或者他们是否这么做，还有是否有迹象表明人的适应现在已经开始。但更令我着迷的是人们在心理上是如何进行种种应对的——他们正在失去一种价值无法估量的、承载了一段漫长的人类历史的标志性树种。”

"这正是我所谈的。"他说。

我犹豫着要不要深挖下去，主要是不知道他会怎么看我这个科学工作者，接着我结结巴巴地问出了下一个问题："那，我只是好奇啊，不过对未来你怎么看？你担心未来的影响吗？"

"我理解这些问题，"他说，"最近我去了些地方讲课，人们总是问我：'这种事你怎么研究得下去？''这太叫人丧气了，'他们说。"他顿了一下。"我不这看。这颗星球那么令人惊叹，那么美，而树又是其最好的表现之一。原始森林，还有古树又有那么高的品格。仅仅是一般意义上的树，不论老幼，我们都还有那么多不了解的。对这颗星球的运转和人类社会福祉那么重要的一类生物体，事实上我们的了解之少总令我感到震惊。而我们投入于森林保护的相比于许多其他方面的投入又是多么的少。这就是我的动力所在，不是沮丧消沉，而是一种紧迫感——我们需要以多种多样的方法实现进步，不论是了解这些树跟这些森林，了解它们正面临多大的风险，还是了解它们对社会意味着什么。显然，为了这颗星球上的人类社会我们亟须改变利用能源的方式——如果我们希望避免破坏太多事物的稳定的话，而人们关心这些事物不仅是出于美学原因，也是出于功用。因为紧迫感驱动而工作令我感到充满能量。"

"这我很有同感。"我说。

"说到底，"克雷格说，"自然是非常有韧性的。生命本身就美丽、坚韧跟强大到令人惊讶。毁掉一些物种和一个物种中最美好的那些个体就像烧毁图书馆。我想古树和原始森林便是这类个体中的一部分。但就算没有了它们地球仍然会转，而某天这颗星球上会再度出现森林——可能是因为人类努力成功了，也可能是因为没有成功。对吧？古树会再有的，但可能会出现一段几个世纪的窗口期，在其间人们会失去它们——在其间原始森林会消失——因为系统的稳定被破坏了。古树回来需要几百年的时间。所以这就是我一直在思考的：在这个窗口期，什么是重要的，是现在必须保护的，好叫人们至少能知道目标是什么，能记得那些故事、意义、歌谣，还有我们的森林的模样、声音和气味？你知道的，北美金柏林是什么样？我从没去过北美金柏林。它闻上去什么样？它摸上去什么样？它的声响是什么样？你知道的。"

"我理解你所说的紧迫感。我每天早上醒来都有那种感受。"

"我们能做的真多！"我想，这是我的新祷文。我没有具体问，但似乎可以相当安全地认为对克雷格而言西黄松就是那只金丝雀，对克雷格而言大塞罗大火就是那只金丝雀。这些年来，他已经听过了一只又一只金丝雀的啼鸣。

把紧迫感当作一种积极力量的这一认识令我很喜欢。如果我们都能拥抱这种紧迫感，在这一意识下深思熟虑地开展工作多好。

与同行们开诚布公地谈得越多，我就越明显地看出他们每一个人在自己学术生涯的某个时刻都考虑过那些正困扰着我的问题："这些变化在我存世的日子里对我会意味着什么？对超乎我个人生命这小小一点之外的生命又意味着什么？"

我在《高乡新闻》上找到一篇文章，是一位名叫比尔·安德列格（Bill Anderegg）的科学家在斯坦福读 PhD 时写的。比尔长我几年，他读生态学 PhD 时我还是个研究生。他研究过杨科骤死 ①，这是一种气候导致的死亡，发生于科罗拉多美洲山杨(Populus tremuloides)中。比尔是个发文狂人。我们同在斯坦福的那几年，我曾眼望着他一项又一项的研究发表在顶级期刊上：《自然气候变化》(Nature Climate Change)、《全球变化生物学》(Global Change Biology)、《国家科学院院刊》。[6] 但埋首于硬科学中的他也有更诗意、更个人的一面。

"2009 年 6 月 25 日，在黎明前的微光中，"在《高乡新闻》中他写道，"山杨树枝向着天空抓挠，仿佛在尽一切可能从干燥冰冷的空气中拧出一点水分……人幼年时对一个地方的记忆到他成年后回到那个地方时已荡然无存。随着年龄渐长，诸事都似乎变得更小、更暗淡，即便现实并没有发生改变。但在这里，我记忆里无比清晰的那些树确实变了。它们死了，全死了。它们曾经郁郁葱葱的枝条成了光秃秃的枯骨。当然我早就知道它们会死。时隔六年，我回到科罗拉多研究……山杨死亡，但我没料到这死亡会那么真切、那么震撼人心。"[7]

我问他研究一个儿时熟悉的地方是什么感受时，他说这是个相当沉重的打击。

"我想就是在那时，对于气候变化对我意味着什么我开始有了一种个人的感受：这是在我的想象和自我意识中意义最为特殊的一些地方。而回到这些地方，看到它们——毫不夸张地说——正在枯萎消失，这相当有冲击力。我对此产生思想意义上的好奇心则是更晚的事情，当时我在读一些关于山杨死亡的论文，我意识到事实上它真的与气候

---

① Sudden Aspen Death, SAD, 简称相当贴切：英文中 sad 一词是"悲伤"的意思。——译者注

寻找金丝雀树

变化联系紧密。"

"在你今天的工作中，你能把两件事情区分开吗——一边是科学的谜题，另一边是个人意义？"我问道。

"我猜跟很多人一样，我日常也会在两者之间做某种区分。心里想着那种令人难以承受的压抑情景你根本无法开展日常生活。我尽量集中精力推进具体项目，利用我掌握的数据集回答具体问题。我想当放下手中的工作，跟朋友、家人或者记者聊天时我才会更多反思这意味着什么。进行野外工作、体验我的研究对象同样会带来这一反思。我只要进到森林里，就会开始思考未来。我最后想说，孩子同样深刻地改变了这一切。幸运的话到2100年我的女儿们还会活着，我们正在运算的那些气候变化图景会一直预测到那一年，当你发现你关心的、你爱的某个人会活过这一整段时期时，这一图景一下就会变得更加真实了。"

"你有没有因为自己的研究改变过做某些事的方式呢？"我问，"研究有没有给你的生活带来某些改变？"

在回答这些更为个人的问题之前克雷格曾停顿了片刻，同样，比尔也为自己创造了必要的思考空间。要别人对我自己艰难思考了这么长时间的问题做出即刻回答，我感到不太公平。

"没必要把这当成最终的答案，"我想，"你的答案、我的答案、克雷格的答案，它们会进化、进化、再进化。"我等待着，因这一沉默而有些不舒服。

"我想绝对是有的，"他干脆地说道，"我对气候变化效应的理解就是，我做我所做的事的原因。在之前的专业生涯中，我一直寻找着与我的个人技能和兴趣相吻合的某事，但这件事也应该能让世界变得更好。在我每天的活动和选择中，我都尽我所能地保持高度的环境意识。我注意到的另一件事是它改变了我的关注点。在世界各地，我都看到那些发出相当清晰的气候信号的迹象。比如最近整个太平洋发生了大规模白化事件。受到这一白化事件影响的珊瑚似乎甚至比受影响的森林规模更大。信号无处不在。"

我能看见它们。我的同行们能看见它们。那世界上的其他人呢？令我感到惊讶的是甚至在斯坦福，在我的可持续性课堂上，我的研究生们也仅仅是刚开始开眼、刚开始倾听。这个学季初，我布置学生阅读《纽约客》上关于城市规划中适应气候变化操作的文章。作者描述了一些具体事件——20世纪90年代中期芝加哥发生的一次严重的高温热浪，还有新加坡低洼城市中心的洪灾——就像汉森和另一些人所预测的一样。[8]当我问学生们最令他们惊讶的是什么时，一位姑娘举起手来说："是这个，是这一段。'然而，即便我们明天就能成功遏止全球碳排放增长，'"她读道，"'我们可能仍然要继续经历几个世纪的升温、海平面上升和更频繁的危险天气事件。要想让我们的城市存活下来，我们除了适应别无选择。'"

"这让你觉得惊讶吗？"我问道，"说说看为什么。"

"就是，"她说。"我根本没有意识到情况已经这么紧急，唔，这么不可逆了，或者说更像某种必然的发展轨迹，能理解吗？我想我们一直在等待，指望决策者能解决这一巨大的全球排放问题。"

我也感到惊讶：这一发展轨迹居然成了新闻。

"没错，那么——"我转向下一个学生。"等一下，我需要倒一下带。你们当中有多少人还没听过时滞，就是说即便我们实现了减排也仍然会发生的情况？"

班上四分之三的人举起了手或者点了点头。

我彻底震惊了。"我真是活在泡泡里哟，"我说着，想到了我所有基于这一知识开展每日生活的朋友跟同行们。"我忘了这些事不是人人都了解跟接受的。"

"预料到未来会发生什么——这加在我、加在我们所有人肩上的责任真的太重了，"我的学生加了一句，"这让人感到有义务要做些什么，你知道的，可能不一定能抵挡这一切，但却要尽力避免那些难以避免的后果。"

"没错！"我想，"要把这告诉世界。"

我又去泰瑞·洛夫加的织布工作室拜访她了，这是最后一次——2016 年 12 月她过世了，死于癌症。当时我在锡特卡出席一个森林疾病主题的国际会议，但气候变化系列分会结束后我溜了出来。

泰瑞在家中等着我。她刚刚结束 1000 英里的群岛巡游之旅回家——她坐着渡轮造访了许多村子，同人们讨论气候变化。

在门边，她甩了一下自己重重的马尾辫说："你相信吗？几年之前我的头发曾经一根都不剩了。当时我不知道自己还能活多久。但现在我的头发已经长回来了，瞧瞧，多厚！"

再次走上通往工作室的台阶时，我胆怯地问她可不可以给我们的谈话录音。

"可以呀，"她立即回答道，似乎倒热心地要消除我的不适。

"我信任你，"她说，"今天早上我先生又问起你来，我跟他说：'我们现在是朋友了。我信任这个人。她总是有下文。我们一直保持着联系。'"

我们又一次在她的织布机边坐下。这次机器空荡荡的。

"你还在继续深挖，还在推进这个气候变化课题，"她对我说，"单单这一献身精神已经给我相当重要的信息了。"

"我想，归根结底，我没法把自己和科学分开。你和我分享的关于联系的一切——这么说吧，我确实把我自己，还有人们，看作自然的一部分。所以，如果我在研究气候如何影响某个物种，我便不禁要问'环境'的这些变化对人们意味着什么。"我举起双手，给"环境"一词加上引号①。

"我不害怕，"她说，"气候变化会影响我们吗？当然，影响很大，这最终会改变我们的生活方式吗？噢，当然了。地球跟自然还会继续存在吗？嗯——哼，会。我们有我们的标记：瞧瞧正在上升的水平面，瞧瞧正在发生的一切。我们有我们的行军令，上面规定了我们需要做什么、不做什么，但我们需要齐心协力。我们需要这一水平的组织，而对我而言这也是某种水平的同情。这不仅是在同情地球，也是在同情彼此。"

"当你想到气候变化对未来的影响时，对你而言希望和信仰有没有什么不同？"我问她。

"我对其他人怀着信任——我相信他们会站起来。但我也抱着希

---

① 手势为双手相平，各伸二指（食指和中指）弯曲成双引号状。——译者注

望——我希望事情会变好的。我想事情在变好之前会先变得糟得多。我猜如果我想手举彩色毛球跑来跑去地说'气候变化啊！气候变化啊！'——如果我认为这样有用，我想我会这么干的。但我想重要的是深入下去开展工作，发现气候变化创造的那些真实机会。这就是机会，但人们不那么看。就好像，'噢我的老天爷，我得改变。'真正令我们保持年轻的正是变化。"

我佩服她的热情和乐观。虽然知道那么多，她却似乎处变不惊。在她那里居然能不对气候变化深感关心的人简直像疯了；在她那里感到无助的人也像疯了。

"几年之前你还没在这个层面考虑问题，"她对我说。她把双手放在脸颊两侧做成眼罩的样子，然后脖子前伸，眯起双眼。接着伸过手来轻轻拍了拍我的膝盖，然后微笑着坐了坐直。

"我们正在经历的是一场灾难性的惨败，"她说，"这是多大的机会呀。"

这可能是最大的机会了。

第十二章　哨兵

2017年5月，写韦斯·泰勒和他的伐木工厂时，我回到了霍纳。这是我仅有的一次以调查写书为唯一目的的旅行。一些信息缺漏促使我动身回访。我需要核实全盛时期北美金柏的出口和采伐情况，以与今天的情况进行对比，而我知道这类问题当面问更好。我想要能更为细致地描写韦斯的工厂和镇子，而先前的笔记也不够我用。我去是为了寻求事实和细节，但这趟旅途却成了故事的终结。

来到位于镇子边缘的林业局办公主楼，我取了一串钥匙，又走上那条通往简易宿舍的窄窄的小路。这段时间，整栋宿舍楼几乎住满了美国团（AmeriCorps）的志愿者，但虽然这栋巨大的建筑物里有无数房间，我最终却还是住进了上次那间。我坐在行军床上，身边是一叠政府发放的床单，我一个角落接一个角落地扫视了一圈这间白墙屋子。

这是我曾哀悼过自己父亲的地方。在这里我听着采访录音里人们谈论的失去度过了许多个晚上。在这里我曾经寻找过向前的路——通过父亲的逝世、通过我自己对气候变化威胁越来越多的了解。又坐在那张摇摇晃晃的行军床上，我想起了几年前自己感到的沮丧和无助——我本人的情感返照了那些知根知底的受访者的感受。我想起自己曾经感到那么孤独；陪伴我的只有迪伦的歌和录音里我采访过的那些人的声音。我想起自己曾拼命寻找答案，不仅仅是为那些树、为与之相连的那些阿拉斯加人，也是为了活在这个升温的世界中我自己还有其他人、为了人类。

诗人里尔克不是曾说要对心中所有未解的抱有耐心吗？他不是也说要尽力爱问题本身吗？某天——他写道——可能在不知不觉之间，慢慢地生活就会将你引到答案面前。[1] 我冰冷的掌心划过羊毛毯，忽然之间我意识到所有这些情绪都已经不复存在了。不确定性也好，对希望的执着也好，不安的追寻也好——全都荡然无存了。

这次再度走进这个光秃秃的房间，我带着一种安宁，我敢说甚至带着一种天恩。

就霍纳地区的木材销售情况，我采访了林业局的一位技师克里斯·布德克（Chris Budke）。我步行回到镇上，到欧内斯汀荧光绿的家中去拜访她。通过北美金柏圈子，我听说她年前经历了一次小型飞机失事，但幸运地活了下来。她见到我有些惊讶，然后友好地把我让进了屋里。我站在窗边，背靠大洋的峡湾。

"来，我们能换下位置吗？"她问道，"因为有眩光，又是日落，我看不到你。我想看到你的表情。"我们交换了座位。

"你现在看我像什么？"她问道。我在透过玻璃照进来的太阳光中眯起眼睛。

"一个黑影，"我说。她笑了起来。在春天的冷空气中待过之后，我感到房里十分温暖；家里铺着地毯，赤足踩上去相当柔软。

"你外甥女最近如何？她还在这儿吗？"

"凯瑟琳吗？在的。今年我们弄到了一头雪羊，整个冬天都在处理羊皮。现在终于把毛都清理出来了，我们差不多准备好拿它和树皮混纺了。问题是我的手，出那场事故之后，哎，我还没准备好。"她用自己的左手按摩着右前臂。我告诉她我在写书——仍然在写书。我又一次注意到房间缤纷的色彩和墙上的鹰鸦图。她伸手从架子上拿下一朵北美金柏树皮做的玫瑰递给了我。

"送给你。"

我又来到那间小小的食品杂货店，走过一袋袋25磅装的大米和蔗糖去拿通心粉和奶酪。我正要离开时一个男人走进店里，我们擦肩的时候他站住了，然后盯了我片刻，但我继续走自己的路。马路过到一半，有什么又吸引我回到了他那里。

"我以前见过你，"他说。我也这么想，但无法定位。我低头看他的双手。一双相当有力生满老茧的手透露了他的身份。

"对啦！你是那个雕工——欧文。我四年前来过这儿，当时我在采访戈登·格林瓦尔德，那时你俩在合作雕一件东西。"我想起当时他有一头漆黑的长发，朝后梳成马尾，现在的他已经两鬓斑白了。

"你相信吗？"我说，感到有些窘，"我还在研究同一样东西。"他伸出手来，轻轻地和我握了握。

"噢，我们礼拜一会把那些图腾装车，如果到时你还在，想搭把手什么的，"他说，他指的是我们第一次见面时他在雕刻的那些树。

"我这些年一直在做研究跟写书，而你一直在雕刻？"

　　　　　　　　　　　　　　　　　寻找金丝雀树

"有些事情是需要时间的。创作是需要时间的。"他说。"来得早不如来得巧，"他笑了起来。"我们刚刚完工，我们要拿渡轮把它们运去冰川湾。它们会被立在巴特利特湾（Bartlett Cove），很久以前我们的族人就是从那里出来的。"

"我礼拜天就得走了，"我说，我居然与这一完工的时刻失之交臂，而且只差一天。因为有教学任务，我只能在霍纳待几天。

"你想再来看看雕刻工棚吗？"

我们沿着街道来到我采访过戈登的那个仓库。两根巨柱已经用蓝色油布仔细包好，搁在外面的拖车床上。

欧文开门时，甜甜的北美金柏气息逸到了室外。戈登歪着脑袋，花了片刻努力要认出我，接着惊呼道："哈，你回来了，"然后示意我进去。"你看到那些图腾了吧？整装待发了！"

"可惜时间不巧！"我回答道。

"我们有批北美金柏短桨今天早些时候刚完工。我现在正在设计一个新图腾，在琢磨它该讲个什么故事。"贯穿车间的支架上挂着一些手工雕刻的短桨，都上好了漆，闪着湿润的光泽。

戈登双臂交叉，然后挠了挠自己的白发，还在为见到我而惊讶。我们聊了一会儿，谈了谈过去这些年我都了解到了些什么。我和他讲了外岸的研究——讲了我发现北美金柏更新换代欠佳而森林在变成以异叶铁杉为主导。我谈到了自己采访过的那些猎人，这一变化在他们来看是件好事，因为在发生回枯的森林中灌木和蓝莓丛茁壮生长，以此为食的鹿也多了。我也和他讲了自己见到的那些管理员的故事，他们正在试验种植北美金柏，在更北的沿岸地带——那里的气候未来会更适宜北美金柏生长。

"我还采访了另外一些当地人，跟你一样，"我说，"他们虽然不知道科学研究关于这些树的死给出的原因，但是却根据自己的观察提出可能是气候变化造成的。"在我们早先谈话的录音里，戈登曾告诉我他凭着"第六感"知道我们变化的气候正在以某种方式影响着这一树种。

"我们总是保持着警醒，"他又一次告诉我，"我们总是在观察着自己周围的一切，你看到了什么？有什么在发生？有没有什么是我需要琢磨、需要换个方法做的？"他的采访我已经读过跟听过太多次，所以此刻我们仿佛在重历初次的交谈。

"这个问题拯救了我——你看到了什么？许多长者，本地的长者——有些同我一道做过工，有些是我熟识的，他们总是说："要留心。要警醒。这可能会救你一命。"不论它多么细微，都可能是相当重要而需要你记住的事。"

"与自然联系最深的那些人，可能是最能看到改变跟做出适应的。"我说——这是我们先前谈话的继续。他们点了点头。

"你听说过有两个冬天的那年吗？你认识韦恩·豪威尔（Wayne Howell）吗？"戈登问。

"认识。几年前格雷格介绍过我俩认识。"韦恩是古斯塔夫斯的一位考古学家。我知道他和格雷格正在进行一项研究，以确定小冰期中冰川湾冰川前进的时间，但是对于这一课题我所知不多。"有两个冬天的那年？从没听说过。你是指什么？"

"1754年，"戈登说，"这里有个故事，是霍纳一位长者传下来的，讲的是很早以前有过一个奇怪的年份，那一年有两个冬天。在蓝莓开花前后，春天又变回了严冬，下起大雪来。雪一直下个不停。韦恩把这个故事告诉了另外一些科学家，他们就去采集了一批树心。这有点像用西方科学检验口头传说。你猜他们发现了什么？"

"有两个冬天的那年？"

"没错，1754 至 1755 年。人们怀疑过这个故事，认为它是当地某种神话，但是科学家们却在树里面发现了这个故事。树和我们的族人保存着同一份记录。这你得和韦恩聊，这个故事真不该我来讲，不过就是在那一年前后冰川达到了顶峰，而这也告诉了我们一些关于霍纳最初有人定居是在什么时候的信息。"[2]

"也能知道我们有多少能力适应变化的环境，"我加了一句。他俩同时点了点头。欧文说借着有两个冬天的那年人们还将特林吉特人出冰川湾的大迁徙往前推了几年。

"你明天有什么安排？"欧文问道。

"要去找韦斯·泰勒聊聊，他先来宿舍接我，然后我们会去工厂。"

"你明早想过来和我们一道划艇吗？"

"你是指？"

"和部落的人们一道划艇，我们会把独木舟搬出来。你可以搭我们的船，我们渡你到韦斯的工厂那边。"

"什么时候？"我问道。

"早上八点，坐外面那条独木舟。"

我打包行李时没料到有天早上得到冰冷刺骨的水上。我想我会直接穿上带来的一切——不管样子有多滑稽。

"我来。"我说。

"跟韦斯说我们送你过去——超拉风的。"他微微一笑。

早晨，两条独木舟周围聚集了十来个村民。欧文顺着他那艘船从头走到尾，用手划过整条船舷。

"40英尺（约12.19米）长，"他说，"云杉木，是棵巨大的云杉。"木头上了防水的漆，里里外外都刷成亮红色，首尾用黑色点睛。

"我们先手工把木头掏空，再把石头烧热。因为木头里边是湿的，所以整艘船可以贴着滚烫的石头被拉伸，形成弧度。你可以看到船是两端翘、中间宽的。这都是我们打造的，都是靠着那些烧热的石头。"

他把我们这些桨手分成两组，然后我向自己那艘船上的人们做了自我介绍。我不知道欧文是否曾同他们谈到过我，而且很可能我看上去像个走马观花的观光客。但是当我提到我是做研究的，还在写书，又谈起我在研究什么时，大家都放松下来，开始问我各种关于外岸那些树的问题。他们想知道他们那神圣的北美金柏是否健康、状况如何。

"一、二、三，推！"欧文下令道。我们向着船探出身去，猛推拖车，车轮动了起来。

我们把两条独木舟一前一后推过霍纳的街道，推向水边。而有些人从家中出来加入了我们，给这一任务增添了更多的人手和人心。

"呼——哈！"欧文高呼。

"呼——哈！呼——哈！呼——哈！"部落的人们也高呼应和——这正是欧内斯汀的那种呼声，在她家坐在她的织布机边时，我曾听她这么喊过。

　　　　　　　　　　　　　　　寻找金丝雀树

我们直接把船推到了映着阳光的水面上，上了船，北美金柏木的桨一下下击打在岩石岸滩上，我们出发了。我坐在欧文前面，他在船尾掌舵。远处，一头鲸浮上水面，接着它的幼崽也探出头来。我回头看看他，而他点点头，望向群山。

"沙——哇——"他说了两个我听不懂的字，把里面的元音"啊"拖得长长的。他飞速地把这个特林吉特词拼出来给我，但水冲击船身的声音太大，我没听全。"是左手边那个山头的名字。"（后来我了解到存在好几种不同的特林吉特语拼写方案，但目前这个名字人们普遍接受的一个拼法是"Shaagu.áa"。[3]）

我融入了那熟悉的划桨节奏，想着250多年前冰期到来时，要说动整个部落的人迁徙需要怎样的精力和远见。要在内陆或者峡湾边找到大到足够全家居住和存放物资的树干；要把这些树砍倒，雕成独木舟，再用烧热的石头弯成型；要找寻新的食物来源；要在冰天雪地和刺骨的水里划着挺寻找下一个目的地，不论那目的地是什么样。我想着在一种不同于开初的气候条件下展开新生活需要怎样的决心。这需要人对未来会发生什么有所了解，没错，但远远不止于此。这需要人直视临头的灾难而不回避。应对灾难需要做出巨大努力与人合作，还需要缜密的计划。这需要有人领导，需要有人创新，也需要集体行动。这需要信仰——正是我们今天再度需要的那种信仰。

"呼——哈！"欧文又一次高喊。他女儿船上的桨手高声回应。我们从村子面前经过又有另一些人从家里出来看我们的船，"鹰和渡鸦"，振翅飞去。

"呼——哈！"站在前面的一个男人开启了又一轮呼喊和应答。

"请勿拍照。"坐在我们独木舟船头的一位妇女说。我拿出手机来要记笔记，不过又把它放回了兜里。她把自己的桨高高举起，大家群起效之。高举的手臂为北美金柏延长，一道触碰着蓝天。

"呼——哈！呼——哈！呼——哈！"

我到达目的地时绝对是超拉风的，然后很快，韦斯的卡车风一般地驶过那条脏兮兮的路过来了，带起了一团灰。桨手们划出了海，韦斯向我大大地露齿一笑，笑容相当温暖。在为卡车的火花塞、链条跟润滑油的种种糟糕情况道过歉后，他开始以令人钦佩的耐心回答起那些关于木材销售和伐木业出口和木材等级的问题来。我不确定我们有多少时间，所以我保持着高速的提问节奏。时隔四年，工厂外的北美金柏、云杉和铁杉原木堆得更高了。仓库里满是一堆堆待运的木料和板材。

参观到一半，他在一条北美金柏原木边站住了，原木笔直，但是带着条纹，就像一根奶油太妃糖。"这棵就是枯死的。而如果能找到客户，我要做的就是——我会把它加工出来，把它弄干净。把它做成房间中央的装饰品，可能是一根柱子，或者一个壁炉架。但这需要一些创意思维，需要一些创意性问题。"

霍纳的森林技师克里斯·布德克给过我一本关于汤加伐木业的出版物，在与我斯坦福的学生开会的间隙我大致翻了翻这本书。我一直想着有两个冬天的那年。这与我在外岸的生态学研究没什么关系。这甚至与北美金柏也没什么关系；根据研究，他们当时用的是铁杉木和云杉木。但这却与气候有关，与面对可怕的变化时人的力量、一个个社群的力量有关。在这个故事中深植着某种乐观。这种乐观在于接受变化，在于放手，在于行动起来去适应——在仿佛极不宜居的气候条件下找到一条繁荣之路。而让我走到今天、发现有两个冬天那一年的，是我所有那些年的努力——我追逐着那种北美金柏和与之相连的人们，努力借科学寻找答案，借交谈寻找理解，借写作寻找意义。

我给古斯塔夫斯国家公园管理局的考古学家韦恩·豪威尔去了一封邮件，约了个时间和他谈谈。韦恩说跟他合作过的格雷格有两个——一个当然是史翠夫勒，另一个是格雷格·怀尔斯（Greg Wiles），是俄亥俄州伍斯特学院（College of Wooster）的一位冰川地理学和年轮专家。

"冬天过完又是冬天这件事我完全是靠拜访霍纳的长者还有跟他们交谈才听说的，"在电话里韦恩告诉我。

"我想我还记得几年前我们见面时你说，你的某些研究不仅表明了哪里有过冰川，也表明了在那些新的定居地人们是什么时候开始利用北美金柏的，"我说，"你提到过宜人岛（Pleasant Island）上的一处小树林。关于气候曾经是什么样、人们曾经往哪儿去，这些树有故事讲吗？科学上。"

"我们在宜人岛上东翻西找已经好几年了，"他回答道，"我去岛的北边猎鹿的时候曾经偶然发现过几小片北美金柏林子，但是——唔，那已经是15年前的事了。当时我们中有几个人决定徒步点到点穿越全岛。我们花了三天时间背着包穿越岛的中部，那里之前从没有人踏足过。然后，啧啧，第一天我们正走着的时候突然就撞见了一片巨大的北美金柏林，是些古树，真是大啊。当时我们除了对着它们惊叹了一番外没有作更多逗留。有一棵的干围可能有 13（约 4 米）还是 14 英尺（约 4.3 米），你知道，我——"

"等等。哇！真的？"

"——我当时只是伸开双臂测量了一下，"他继续说道，"很大。后来我们又回去做了更仔细的考察。我开始发现很多采割树皮的痕迹——有些树上有金属工具留下的印记，有些乍一看没什么印记。然后，在花了更多时间观察它们之后，事实上我找到了一些石器留下的印记。"

韦恩把这告诉了格雷格·怀尔斯。怀尔斯就去那儿采集了一批树心，给伤痕内外都取了样，来估算剥树皮的时间。[4] "这样确定出了一系列时间，最早到了 1675 年。"韦恩告诉我说。

"这个相当有趣，因为这是一小片孤立土地，"他补充道，"我的意思是，我一直在宜人岛上东奔西跑，然后突然之间我们就遇到了一片北美金柏林，是几百年来——三百年来原住民一直会去的一片林子。这一时期小冰期的冰川前进了又退后，所以对于他们这一直是一片重要的资源，在这整段时期中间，林子伴随着他们经历了所有那些变化——变化既是生态意义上的，也是社会意义上的。这一直是他们的一个重要资源。"

"联系，"我想，"在一个变化的气候中，对他们而言这一直是一种重要的联系。"

韦恩是这样总结这一口头传说的：冰来时，人们离开冰川湾分成两三队。一队去了奇恰戈夫岛东北，但只待了一两年。那里的条件相当恶劣，冷风从隔水相望的冰川不断刮过来。他们撤了营继续走，不到一年时间便找到了北风中的那个庇护所——霍纳。

"正是在霍纳建设期间发生了那次倒春寒——有两个冬天的那一年。"他说。

我很清楚两次危机的成因不同：当年变冷是因为自然多变，如今变暖是因为人类活动。但是冰川前进期间人类的反应当中有些什么让我感到振奋。冰期来了又走了，宜人岛上的树活了下来；它们记录着人们是如何随着气候的变化在这一区域迁移的。

玛丽·贝丝·莫斯（Mary Beth Moss）是霍纳公园管理局的一位人类学家，她说关于有两个冬天的那年，她从地方上的长者那里收集到了相当多的口头历史记录。

"韦恩和我的不同，"我们交谈时她告诉我，"在于对人们离开冰川湾的时间的看法有别。韦恩是靠考虑两种信息源确定大迁徙时间的：第一种是树木年轮记录所表明的有两个冬天的那年；第二种是来自一些长者的口头历史。这些历史表明在大迁徙和人们定居霍纳之间相差了一段时间——可能有几年，而正是在定居那时出现了有两个冬天的那年。一些人对口头历史的解读与另一些人不同。我一直说：'抱歉，我个人没法相信有人会坐在那儿一直等着，直到冰川离自己只有10英尺（约3米）远——甚至100英尺，甚至1000英尺也没可能。'我认为人们早在冰川毁掉村子之前就离开了。"

"确实很有道理呀。"我回应道。

但我想的不是历史上那段寒冷时期为扩张的冰所侵吞的村庄，我想的是被上升的海平面淹没的城市；是受旱灾的作物；是每一片有植物覆盖的大陆上那些阴森的将死之树的墓场。我想的是人类造成的气候变化，是那不可避免的升温，还有我们已经向大气排放了多少，还有排放跟排放造成的结果之间的时滞。

我们不能只是坐在那儿干等。这我不相信。这我不允许。

"我的意思是，难道你不觉得这很有道理吗？"她问道，"当时肯定冷得冻死人。我想以为大迁徙1752年才发生是个错误。他们的房子可能还在，但他们可能早些时候就已经搬走了，也可能老早以前就走了。"

"也可能看到冰要来，"我添上一句，"就开始想其他可去的地方，或者他们需要怎么改变自己的生活方式。"

"行动要有意义，"玛丽·贝丝继续说道，"这不合逻辑——以为人们会留在一个无论从什么角度来看都已经是个冰柜的地方，这在我看来完全不合逻辑。"她又和我分享了更多从一位长者那儿得来的信息，据说在最终定居霍纳之前，人们试验过不少村址。他们最初试着定居的地方并不合适——太冷、环境太恶劣、缺乏遮挡——于是他们撤了营，然后试下一次。

"我不知道这对你有意义没有。"她说。

"太有意义了，"我回答道，"我同意你的看法。他们会在那儿坐着、等着，看着这一切发生，似乎完全不合逻辑。现在我们正在看着一种完全不同的气候影响——这种影响是我们造成的，而我们还在继续加剧它。但是对我而言信息是同一条。人不会只是坐着等危机来临或者冰川吞没村庄，直等到最后一分钟。人总会想着能去哪儿，人总会想着能做些什么。"

对我而言这不仅仅不合逻辑，而根本是难以理解、难以想象的。等着冰川来袭，就像等着家里起火似的。

在冰壁和大气之间存在着巨大的差异，而我们并没有备用的星球。但是不站起来，不试着做我们能做的一切并努力适应——这根本难以想象。我想问题不在于在好事当中挑出最好的那件来做。"要做的真是太多了！"

在清理窗口期，我仍然时不时与格雷格·史翠夫勒通信。我毕业差不多一年后他写信给我说："因为你，我关于那种树想了很多。我为什么爱它，它如何立足于这个世界，它为什么那么脆弱（而且因此尤为珍贵？），为什么我们会这样对待它（还有别的一切）？"

"你知道未来会发生什么样的灾害，知道我们走在什么样的路上，怎么还能生活在喜乐之中呢？"上次去古斯塔夫斯见他时我曾问过他。当时是 2017 年夏末，我带着斯坦福的一批大二学生北上锡特卡开展野外课程。我们在四角地附近的向阳市场（Sunnyside market）见了一面。这里室外摆了些桌椅，是个可以喝咖啡聊天的惬意地方。

"原因部分是思想意义上的。如果内心阴暗，你早上根本不可能爬起来过正常生活。但如果要问我现实怎么创造喜乐——我并不总能成功创造，但是喜乐始于为活着而高兴，为我身边的所有美而高兴，并且融入那种美，寻找真正参与其中的方法。"

"这有可能是一件很简单的事，比如在街上怎么跟人打招呼，怎么留心一棵植物或一个科学问题，"我回答道，"这就是你说的融入美吗？"

"也可以说是我如何探索美丽心灵。"格雷格说。

"我还认为这种美能传播开来，"我思索着，"可能它的影响只在个人生活这个层面，但也可能在于这颗星球更大的发展轨迹这一层面。创新、减灾，还有采取娜奥米·克莱因为了经济和政治改革而提出的那类行动，所有这些如何能成为融入这种美的一部分，而不仅仅是对抗或者指望别的什么发生？"克莱因曾经主张为了避免气候变化那些最坏的影响，我们的经济系统必须改革。[5]

"有过那么一段时间，我感觉相当不好，觉得我的生活方式更像某种无政府主义，"格雷格说，"我看不出有任何迹象表明这个社会在向着接近正确的方向发展。然后有一天我醒过来，说：'史翠夫勒，你这个大白痴，你怎么那么傲慢，竟以为自己应当走出一条让其他人追随的路来？你应当走出一条自己追随的路来。而不论这条路对别人有什么价值都该留给人家去判断。'我不再自负地以为我的生活或者我的思想是某种模范了。它们仅仅是最好地表达了我是谁，不论这对世界有什么样的价值，我都希望它有价值。这就是我的看法。"

"这么说来，问题不仅仅在于我们能做什么，也在于我能做什么，"我说，努力要理解格雷格的意思，"而这可能会促使别的谁开始反思他自己的选择然后自问：'你做的我能做到吗？'如果没有，那还有什么用？"

"我们都是人，"格雷格说，"有些事情固然可以概括，但你得从具体的开始。就我而言，我在社会中变得越来越异于常人的原因之一是我有极强的、不可改变的场所感。我曾给自己立下的原则之一是希波克拉底法则：最重要的是不要造成伤害。对我而言这意味着不动，好让我的生活可以以一种花头最少的方式得到检验。这样我看着自己种的胡萝卜就能知道那些营养来自哪里。我知道该怎么帮助胡萝卜抵御病原体。我几乎相当精确地知道为了吃到这口胡萝卜我应当向生态系统索要些什么。"格雷格低头看了看自己脚边的草，有那么一刻，他似乎在赞美着生命这张复杂的网。

"如果要我去朱诺的食品杂货店，"他继续说，"我做不到。你瞧，对我而言，我想知道的第一件事是我要如何避免伤害。这我得不动才能实现——就因为我是这样的一个人。但是对绝大多数人而言，这条原则并不是他们生活的出发点。他们不需要不动。而事实上让他们不动他们会傻掉。所以我没法对别的谁说：'原地不动，然后你的人生就会有意义。'在我的人生中有过一些时候，我笃信不疑地跟人宣讲这条教义。'你们这些人为什么不能不动呢？'然后人人都看着我，就好像我是从火星来的。"

"这些树这么些年又教给了你些什么？你会怎么说？"我问道。

"我会稍微换个说法，问：'为什么这些树在我看来那么美？'"他挠了挠自己的大胡子，在座位下把双脚倒换了一下，然后朝我探过身来。

"让我带你去一片你没见过的树林，是片小林子，离这儿不远，我是从别人那儿听说它的。我第一次见到它就想独自一人走进去。它就那么立在一片沼泽地上方的一块小小高地上，可能有四十来棵树，我猜树龄最小的有五十多岁，最大的有两百多岁。"他双手交叉放在膝上。"走向它们就像走向一块罗塞塔石碑。在那里它们罕见得相当引人注目。那种美啊。我注意到的第一件事是吹过它们的枝干的风。

那天天气不错，所以我能闻到那气味。我走进那片树林，几乎像走进了一处修士的密会。那种感觉就跟小时候那些特拉比斯特（Trappist）修士来我们教堂做大弥撒时一样。"

泪水涌上了格雷格的双眼，但是没有落下。"我能听见它们在歌唱。出于某种原因，这些树林的歌在我听来跟其他任何树的歌都不一样。出于某种原因，对我而言这就是那些树所唤起的。在这个世界上某些东西会给我们与众不同的触动。这就是你和我共有的纽带——因为这些树既触动了你也触动了我。"

我既同意又不同意。我佩服他对树的崇敬，但是这种树的美已经不再是我所关注的了。而我所关注的也已经不再是金丝雀的啼叫了。这种树是我望向这个飞速变化的世界的眼镜。当未来预测显得太过遥远跟脱节时，这种树令我明白了气候变化的后果可以如何切实可感。它令我明白了我的环境所遭遇的最终会影响到我。它给了我恐惧，它令我经历绝望，但它也教我相信我所做的是重要的——不论在气候变化面前我显得多么无足轻重。它教我相信未来并不会处处着火；相信我可以融入一股更大的力量，一股为地方的关心、担忧和信念所驱动的力量。

作为科学家，我想我能做的最好的事便是为人们更好地理解气候变化在地方层面的意义出自己的一份力。因为地方层面才是人们需要了解风险和收益的层面，才是开展生活的层面——不仅仅是人的生活，也包括所有的生命——而只有通过（尽可能地）减轻损失和（尽可能地）拥抱机遇，才能实现在这一层面的适应。和林务官一样，农民也需要知道应当种什么作物，应当在什么时候、什么地方种。城市规划师需要知道海面会上升到何处。森林管理员正在寻找这些树能繁荣生长的地方，而其他的树正渐渐消失。

作为公民，我可以在某种程度上限制自己那些加剧这一问题的行为。我可以抵制那些试图让科学沉默、让科学家埋葬自己的所知的政治活动。我可以帮助人们增强意识而不是教他们否认。我可以推动人们认识"联系"（而不是"资源"）。我们曾认为环境健康是某种外部问题，在这一错误的信仰下我们所失去的我可以推动人们重新寻回。对我而言这一切的开始在于接受我并不能免于这一浩劫，接受气候变化没有边界。我自家的花园可以成为起点——我投入多少关心，它就回报多少关心。课堂上、飞机上、出租车上、晚宴上——只要有人提起"气候变化"，都可以成为起点。这一切的开始在于我们意识到为这一问题所造成并加剧的不均衡，在于一种更高的责任感。在于自问："我们想要维持什么样的联系？"然后，"通过利用我们对气候变化的知识，我能怎么样、能在哪里帮助我们实现这样的联系？"

"我想对我而言，这些树已经成了一种乐观的象征，"我对格雷格说，他在那些树之间所感受到的——仿佛他童年教堂回忆的重现——我并不能完全体会。但我对我们的求生意志，对我们解决问题的思想能力，对我们彼此的责任感抱有信仰。单靠那些小小的行动虽然无法遏制气候变化，但它们将成为适应的一部分。

"宜人岛上那些树在小冰期时长得相当好，"我说，"到现在还有很多生长良好。这是一种相当美的树，没错，但它也是一种符号，它表明了一个物种可以坚强地存活下去，以自己的方式。"

格雷格皱起了眉头。"在我看来不是这样，它是个脆弱的符号。"

"我开头也这么想——我知道这种树就像我们一样，面对气候变化相当脆弱。我知道我们也有一道可能撞上的门槛。这道门槛是什么呢？"我问道，"但现在，当我走过一棵树，看见它高高地伫立着，垂下浓绿的叶时，我看那棵树的方式变了。有点像，'噢，你在啊。虽然困难重重，但你还在。'"

我去了宜人岛看那些哨兵——那些见证了冰川的来去的树，那些今天仍然郁郁葱葱地伫立着的树。韦恩·豪威尔当我的向导。我们高举双手护着脸，在茂密的蓝莓灌丛之间穿行。我们打着趔趄走过一座座小丘，避开树根和倒地大树间的一个个地洞。我们跋涉过苔原，相当小心地一步步踩在厚厚的地衣层上，好在柔软的地面上保持平衡。

我们在苔原和沼泽之间走了一个半小时，我一点柏树的影子都没看到，甚至一星枝叶也没有，甚至风里也没有一丝甜香。然后，当我绕过一棵铁杉树，它们便赫然映入眼帘——形态万千、大大小小的北美金柏，有幼树，有巨树，聚成一小簇一小簇，满了大地。

"那儿，我们去那儿吧。"我一面说一面指了指远处我目之所及最大的那个树冠。

我走进一簇北美金柏的中间，在中央最大的那两棵树跟前站住。其他的树在我的周围形成了一个圈。

"那么这些就是幸存者们了，"我想。"这是运气，因为它们碰巧在这儿。"

可能相对其他树，这些树打一开始就具有某种进化上的优势。不论是树苗、幼树还是老树，可能它们最初扎下根去的那一刻就注定了要幸存。冰川从未伤过它们。出于某种原因，根没有受过伤的一直活到了今天。可能它们能幸存到底也只是某种运气罢了。我不得而知。

归根结底，我想希望就像指望好运，而人比这聪明得多。我不愿意认为我们所有人都仅仅会站在原地，安于现状，等待，眼睁睁看着温度不断上升，看着我们必需的那些联系会遭遇什么。

"这种树能教给我们什么？"从 2010 年到 2017 年，我人生中有差不多八年的时间我一遍一遍又一遍地写下过这个问题。写在我的笔记本里，写在各种电脑文件里，写在许多小纸片上，写在我墙上的牛皮纸上。"这种树能教给我们什么？这种树能教给我们什么？"

下面是我的答案：

它让我们明白我们都相当脆弱。幸存者可能会有，而他们会在条件仍然有利的一些小块土地上开展自己的生活。这些幸存者可能会重组，可能甚至会进化，而慢慢地，到了对的时间他们甚至可能会再度繁荣。

"但这种树又教给了我什么？"这个问题可能重要得多。

下面是我的答案：

它让我明白我能观察身边发生的变化，积极地努力接受变化、回应变化、适应变化。我能朝前看，在活在今天的同时为明天留下空间。我能为我们仍然可以遏制地作斗争。我可以成为整体的一部分，而不是活得与世隔绝，而当洪水来临，当大海上升，当

一棵新近发生回枯的北美金柏。其主干和枝条尚存，但已经落叶。
在已经发生大规模树木死亡的奇恰戈夫岛上我们观察到了这类树。

寻找金丝雀树

冰雪消融，当河流干涸，当烈火熊熊时，我能怀着对其他人的关心采取行动。可能唯一的失败就是无法适应。

　　如果说恐惧是呼吸的缺失，如果说信仰是一股积极力量，那么我想要呼吸那不确定的未来的空气。如果说这一树种跟与之相连的所有人给了我什么宝贵的馈赠，那便是他们让我意识到根本不会有什么想象中的明天——未来图景也好，各种深深浅浅的红色也好——能消除今天对坚定关心和深思熟虑后行动的需求。对我而言这便是欣欣向荣。对我而言，在这个飞速变化的世界中，这便是天恩。这便是我怀抱自己的知识所选择的生活之路。

后记

在我自己的外岸研究完成后的这些年间，另一些科学家关于北美金柏回答了更多的问题。阿拉斯加东南的阿拉斯加大学的硕士生约翰·克拉佩克（John Krapek）和同事、森林生态学家布莱恩·布马（Brian Buma）博士对朱诺附近新近发现的一些离路树林进行了一项两部分研究。第一部分探索北美金柏在大地上的分布是否真的存在某种模式。答案是不存在。

"完全是随机的。"布莱恩告诉我。并不存在能预测在这一区域各地哪里能找到这一树种的某种坡度、海拔、太阳辐射或者受风与否之类变量的组合。[1]那些最复杂的统计数字和最精细的野外工作所确认的正是我采访过的许多人所观察到的——这是种神秘的树种。我们仍然不知道为什么它存在于某些地方而不是另一些地方。

第二部分则研究这一区域的北美金柏是否在开拓新疆。[2]这是个迁移的问题，既然它们正在一地死去，那它们是否正迁往他处？在他们所研究的那些健康林中，树的年龄和大小都相近。在树林以外，布莱恩和约翰没有发现过任何年轻的树。布莱恩说简直仿佛曾经出现过一个完美的条件组合，于是这些北美金柏树得以在对的那一刻扎下根去，现在它们站在那儿，就像稀稀拉拉的蚂蚁们，等着下一个对的时刻来临，好继续前进。

没人确切知道这个时刻什么时候会再来，或者说还会不会再来。

2015 年 4 月 10 日，回应将这一物种列入濒危物种法案的请愿，美国内政部在《联邦公报》（*Federal Register*）中就调查结果和初步状态审查发布了一份通知。请愿书为支持将北美金柏列入清单提供了足够的信息，因此审核还在继续。这成了全国的大新闻。《洛杉矶时报》（*Los Angeles Times*）报道称："阿拉斯加北美金柏离列入受威胁或濒危物种又近了一步。美国鱼类和野生动物局宣布由于气候变化的破坏，该树可能需要这种保护。此举得到了环保主义者的称赞，而一个木材工业贸易组织却称其'相当愚蠢'。"[3]随后，一场艰难而颇受争议的审查开始了。

2017 年 10 月，来自州和联邦机构、私人咨询公司、非政府组织和学术机构的研究人员和森林管理员在朱诺举行会议，讨论了目前关于北美金柏的最可靠的研究成果。我与阿拉斯加、不列颠哥伦比亚以及更南部的其他专家一道应邀参会。会议的举办得到了美国鱼类和野生动物局的支持，目的在于为审核请愿书获取信息。

保罗·埃农来机场接我，他向我表示欢迎，还称我为奥克斯博士。开会前那晚我们喝了啤酒，吃了鲑鱼堡，还聊了聊最新回枯地图。他已经从美国森林管理局退休了，退休前（2016 年）他发表了一份报告——在我看来这是他的代表作。这份报告长达 382 页，几乎涵盖了关于北美金柏的所有已知科学事实，包括它的过去、它的现在还有它的未来。[4]他和妻子苏珊是在波特兰度过退休后第一年的，但我看得出他的心还有他的科学求知欲却留在了阿拉斯加，留在了那些树中间。

第二天早上，我这些年合作过的科学家们几乎都到场了。我感觉就像回家一样。

"下面我们会为我们的物种状态评估听取信息，这是一份考察这一物种生物状态的科学文件。"美国鱼类和野生动物局的首席生物学家史蒂夫·布罗克曼（Steve Brockmann）开始了讲话。他是个相当热心的人，穿着随性，但是方法正规。围绕着他有30名专家呈马蹄形排开，坐在桌后，对着笔记本跟电脑屏幕。

"我想先确定几条基本规则，"他说，"我们来不是要寻找任何具体建议或共识。各位来此是为了帮助我们更好的理解其中的生态问题、这一物种的需求还有未来预期。会议就是这样组织的。各位在汇报幻灯片中提供给我们的都将进入联邦记录——成为联邦对此的管理记录文件的一部分。各位的意见我们在物种状态报告中均会纳入考虑。我们不会录音，所以各位所说的不会成为记录的一部分。但是我们会听。我们会综合考虑所有信息，也会继续跟进。"

在汇报当中我倾向于避免过多的文字，同时相当依赖富于说服力的图表和照片。但听到这一新规则，我打开了自己的演示文稿，开始把那些我原本只打算口头说说的数字一股脑加进去。

"这一物种要存活需要什么？"他开始提问，"目前的情况怎么样？这些需求是如何得到满足的，还是说没有得到满足？未来情景如何？是否既有悲观的也有乐观的？这一议程相当庞大。那么开始吧。"

保罗接了第一棒，随后是其他人，一个接一个。我们从历史生态学转到这一物种目前的基因状况，还有人们关于其植物学名称正在进行的争论。然后进入了真正紧迫的话题——哪里的北美金柏生长良好，哪里的正在死亡，哪里的还活着。与会科学家们展示了航空调查获得的回枯地图，还有最新状态评估，评估区域越过边境覆盖了加拿大。布莱恩就一项我们合作发表的研究作了报告：这一物种分布区域的北面有将近一半的目前气候适宜北美金柏生长的地区预计在 21 世纪末会升温超过阈值。[5]一些人展示了幼树种植的成功经验。一位与会者展示了幼树如何从根部开始死亡，并汇报了新近观察到的次生林回枯。对森林资产目录的分析表明回枯在群岛的某些区域中止了；我展示的一些地图和证据则表明回枯正在另一些区域蔓延。[6]更往北，在海达瓜依岛以北和不列颠哥伦比亚的其他地区，这一树种似乎未受影响。布莱恩把这一现象称为"过渡期死亡"——死亡集中于特定气候地带，但是生命仍然在继续。[7]

我提了些关于建模方法的问题，我提了些关于更新换代的问题。我还问了问史蒂夫审核时间的问题。

"他们把这叫作为期 12 个月的调查，"他告诉与会专家，"但几乎总是要更久，主要原因是全国积压了很多请愿，都排着队在等有限的保护专款。"

"你们的工作应该超有意思，"会上我对他的一位正记笔记的同事说，"但也不轻松啊。"

"没办法，"他说，"到你手上时，要么就是一个种群已经完全崩溃，要么就是情况相当复杂。就拿这个案子说吧，又涉及采伐，又涉及气候，又涉及一个跨越国界的物种。是不轻松。"

没人问我们对这件事怎么看。就像史蒂夫说的，这次会议不是为了投票或达成什么共识，这是一次科学会议。但今天你要是在街上或在咖啡店里问我："政府该不该把这一物种列入濒危物种法案？"很可能我不会正面回答。我会说我的工作是告诉人们我们所知道的，"目前最可靠的研究成果"，是承认我们不知道的事情也还有很多。这就是我所受的训练：做客观的贡献。在朱诺，我们所有人都不过是在做客观贡献罢了。但是，老天爷！甚至只是写下这个字眼都让我哆嗦了一下。格雷格·史翠夫勒说得没错，科学家一次又一次地证明了他们这一卓越的能力：简单地观测一个物种直到其灭绝。我们观察，我们报告，我们把决定留给别人去做。

作为奥克斯博士，我会像那天开会时一样就奇恰戈夫受影响区域树木的更新换代给你一堆数据。我会向你提供关于回枯在这一区域继续蔓延的未来预测，会承认关于这一衰亡的近期扩张情况研究者之间存在争议。[8] 我会告诉你迁移即便真的发生，也可能会相当慢；而这一树种迁往别处的速度很可能赶不上气候变化的节奏。然后我会提醒你在我曾开展过工作的外岸那些森林中间，在发生回枯的那些区域中仍有较小比例的种群存活，并不都是枯立木。出于某种原因——这一原因还没有任何科学家解释过——在一个跟它们最初扎下根时已经大为不同的世界中仍然有北美金柏树在继续活着。它们并不是都被卖给伐木业了——事实上，今天变成木材市场上板英尺的树相对是少数，如果不修更多的路，绝大多数的北美金柏甚至根本采伐不到。我还会说，如果你想要尽最大努力保护这一树种，那么合逻辑的行动是不去那些它们更有可能存活的地方采伐活树。可能死树能成为一种替代品。如果你关心怎样能继续利用它们，那么这需要你在那些只能通过索取获得的价值和需要依靠其继续存在而实现的价值之间进行谨慎平衡。

我们当中的一些人赞成北美金柏正在从一种分布相当广泛的树变成一种分布区域局限得多的树。即便它不会在不久的将来灭绝，任何采伐计划都仍需要考虑在哪些地方伐木可能存在潜在重大危害。

动身回加州前，我去了保罗在朱诺的家中同他道别。他正顶着倾盆大雨在后院干活，穿着海军蓝的橡胶野外套装，照料着他杂草丛生的园子。在几棵北美金柏边，我们给了彼此一个拥抱。这些北美金柏都是些小苗，还没长成树，是他几年前种下的。后来的每个冬天，他都给它们的基部堆上雪——堆一整个冬天——这样它们才活了下来。保罗说他还不确定未来数年他的家会在哪儿：在波特兰呢，还是在朱诺。

我当时虽没说出口，但却相当肯定他永远不会彻底离开这些森林。我坐上了南下的飞机，回自己和伴侣马特（Matt）共同生活的家中。又一次望着群岛消隐于云层之下，泪水滑下了我的脸颊。我感到一丝哀伤，不知道自己此生是否还能再度见到外岸那些北美金柏树。但我感到最多的还是无限的感恩，我会怀着这一感恩迎接未来——不论未来如何。

致谢

2011 年，动身去外岸之前几周，我接到了史黛西·伍尔西（Stacey Woolsey）（现在是韦恩夫人）的电话，锡特卡人史黛西是斯坦福毕业的研究生，我从没见过她。

"你将要做的事情相当有挑战性，"她说。"希望我能帮得上忙。"在后来的那些年间对我表达过这一感情的人太多太多。没有这群人的帮助，我的野外研究将无从谈起，这本书也一样。

《寻找金丝雀树》的前身是我在外岸开展工作时为《纽约时报》撰写的一系列短文。我感谢南希·基尼（Nancy Keeney）、贾斯汀·吉利斯（Justin Gillis）和桑德拉·基南（Sandra Keenan）给了我为"绿色博客"供稿的机会。因为这一系列短文，也因为我在斯坦福选修的那门由汤姆·海登（Tom Hayden）和露西·奥德林－斯米（Lucy Odling-Smee）教授的叙事科学课，我坚信我还应当写更多。我要感谢汤姆，他从一开始便鼓励我，在整本书的写作中一直给予我指导。

2012 年，在古斯塔夫斯的公寓里，我和汉克·伦特弗开始了交谈——我们的交谈一直在继续。多少个小时，我们一道探讨痛、探讨坚忍、探讨与自然的联系。他的编辑令此书增色不少。他那些富于思想的问题令我思考得更深入、表白得更自由，每当理性要占上风时，他都坚定地支持我的个人经验。我们的二人小组一直支撑着我继续写下去。

虽然两人从未见过面，但是在我小小的写作世界中，艾米莉·波尔克（Emily Polk）一直是"汉克的另一半"——她总是鼓励我做更细致、更敏感的描写。"要让我们能身临其境""要告诉我们你的感受"我感谢艾米莉，她让我明白了花一个下午用文字捕风——把一切描写得恰到好处——既是一项美好的殊荣也是一种巨大的责任。

罗布·杰克逊（Rob Jackson）、理查德·内夫勒（Richard Nevle）、香农·斯旺森·斯威策（Shannon Swanson Switzer）、艾玛·哈钦森（Emma Hutchinson）和金·肯尼（Kim Kenny）一个月又一个月地通读了各个章节，提供了相当富于思想的反馈。而我们的斯坦福秘密写作小组（最初由艾米莉筹划）一直支持着我继续前进，顶着截止日期写作。而仅仅是每周二和拉斯·卡彭特（Russ Carpenter）在同一个房间当中写作和呼吸就已经能让我们给彼此加满油了。

这个故事的"人物"太多，太多人值得提名，值得在书中占有一席之地，可惜我不能尽数提到。

梅根·巴恩哈特（Megan Barnhart）和罗宾·穆维（Robin Mulvey）在2011年让我们的测量能力翻了一番。冒险科学家协会（Adventure Scientists）的格雷格·特雷尼什（Gregg Treinish）和科里·雷迪斯（Corey Radis）在2012年加入了我和托马斯·沃德（Tomas Ward），在奇恰戈夫进行了又一次数据收集冲刺。除了飞行员埃弗里·加斯特（Avery Gast）之外，沃德航空（Ward Air）的巴迪·弗格森（Buddy Ferguson）也为航空调查出力不少。马克·凯尔克（Mark Kaelke）、菲尔·穆尼（Phil Mooney）和佩吉·马库斯（Peggy Marcus）为我们提供了防熊安全培训，还教给了我们在进行数千次测量的同时与棕熊共处的技能。感谢斯坦福大学的汤姆·库斯（Tom Koos）提供的远程通信和急救援助，以及锡特卡巡林地方派出所（Sitka Ranger District Dispatch）提供的无线电报到服务。亚当·安迪斯（Adam Andis）和斯科特·哈里斯（Scott Harris）为我们提供了划艇安全培训。刘易斯·沙曼（Lewis Sharman）为我们提供了冰川湾国家公园和自然保护区内的后勤支持，我还要感谢国家公园管理局批准我进行此项研究。

索兰·詹森（Solan Jensen）、阿勒里亚·詹森（Aleria Jensen）、凯文·胡德（Kevin Hood）、朱莉·舒勒（Julie Scheurer）、朱莉·贝德纳尔斯基（Julie Bednarski）、保罗·巴恩斯（Paul Barnes）、梅利莎·塞纳克（Melissa Senac）、马特·戴维森（Matt Davidson）、贝斯·兰杰（Bess Ranger）、莫莉·肯普（Molly Kemp）、安妮莎·贝瑞-弗里克（Anissa Berry-Frick）、克雷·弗里克（Clay Frick）、埃德·尼尔（Ed Neal）、扎克·斯坦森（Zach Stenson）、丽莎·布希（Lisa Busch）、戴维·鲁宾（Davey Lubin）、阿特·布卢姆（Art Bloom）和克里斯·伦斯福德（Chris Lunsford）向我敞开了自己的家门，还把自己的车借给我用——不论是在野外工作的间隙还是当我回阿拉斯加分享研究成果或填补写作本书的空白时。船长们——扎赫·斯坦森（Zach Stenson）、保罗·约翰逊（Paul Johnson）、查理·克拉克（Charlie Clark）和斯科特·哈里斯（Scott Harris）——为我们提供了前往外海岸的交通服务，并协助我进行了乘船调查。

在本地植物学和林下数据收集方法方面，梅琳达·兰姆（Melinda Lamb）、凯蒂·拉邦蒂（Kitty LaBounty）和托马斯·汉利（Thomas Hanley）为我提供了专业技能上的帮助。在地理信息系统（GIS）制图、遥感技术以及寻找 GPS 数据收集方法方面，马克·赖利（Mark Riley）、凯伦·麦考伊（Karen McCoy）、弗朗西斯·比尔斯（Frances Biles）、理查德·卡斯滕森（Richard Carstensen）、乔纳森·费利斯（Jonathan Felis）和达斯汀·威特维尔（Dustin Wittwer）为我提供了帮助。阿什利·斯蒂尔（Ashley Steel）的统计专业技能最终帮助我实现了年代序列分析。

我感谢艾美特环境与资源跨学科计划（Emmett Inter-disciplinary Program in Environment and Resources, E-IPER）中的同事和导师——尽管挑战重重，但他们始终看到跨学科研究的价值。我感谢生物系的同事和导师——那奥普卡·齐默尔曼（Naupaka Zimmerman）、比尔·安德列格（Bill Anderegg）、霍莉·穆勒（Holly Moeller）、玛丽亚·德尔·玛·索布拉尔·韦尔纳尔（Maria Del Mar Sobral Vernal）和瑞秋·范内特（Rachel Vannette）、罗伯特·海尔迈尔（Robert Heilmayr）、拉切尔·古尔德（Rachelle Gould）、弗朗·摩尔（Fran Moore）、阿曼达·克拉文斯（Amanda Cravens），还有迪尔佐（Dirzo）、兰宾（Lambin）和阿多因（Ardoin）研究小组的成员——感谢他们欢迎我进入自己的学科世界，并为我 2009 至 2015 年期间的研究工作提出了宝贵的反馈。感谢斯坦福大学地球能源与环境科学学院、伍兹环境研究所、地球系统科学系和 E-IPER，尤其是帕姆·马特森（Pam Matson）、彼得·维托瑟克（Peter Vitousek）、海伦·道尔（Helen Doyle）、丹妮尔·尼尔森（Danielle Nelson）、珍妮弗·梅森（Jennifer Mason）和黛布·沃西克（Deb Wojcik）。在大学政策和跨学科研究方面，E-IPER 员工为我提供了关键性的指导。斯坦福大学的詹妮弗·梅森（Jennifer Mason）和西格里德·蒙达（Siegrid Munda）、林业局的罗克珊·帕克（Roxanne Park）帮助我处理了混乱的资金问题。埃里克·兰宾（Eric Lambin）、妮可·阿多因（Nicole Ardoin）、鲁道夫·迪尔佐（Rodolfo Dirzo）、凯文·奥哈拉（Kevin O'Hara）和保罗·埃农（Paul Hennon）从各自的专业角度提出建议，帮助我形成了分析社会和生态环境变化间关系所需的技能。

我的博士研究工作和后来的写作还得到了一些来自斯坦福、加大伯克利分校和帕洛阿尔托高中的研究助理的帮助，他们是：拉莫纳·马尔钦斯基（Ramona Malczynski）、"锡特卡船长"凯特琳·伍尔西（Caitlin Woolsey）、尼基·容纳尔卡（Nikhil Junnarkar）、阿曼达·麦克纳里（Amanda McNary）、摩根·麦克卢斯基（Morgan McCluskey）、朱莉·史克里文（Julie Scrivner）、艾米莉·德马科（Emily DeMarco）、狄安娜·皮库托夫斯基（Diniana Piekutowski）、艾玛·福勒（Emma Fowler）和迈克尔·埃里亚斯（Michaela Elias）。感谢他们无私奉献了自己的时间。

有许多科学工作者、森林管理者、经济学者、历史学者、律师和其他专家帮忙对本书的各个部分内容进行了核实并提供了更多的信息。我要感谢保罗·埃农、莎拉·比斯宾（Sarah Bisbing）、布莱恩·布马（Brian Buma）、妮可·阿多因（Nicole Ardoin）、迈克·奥斯本（Mike Osbourne）、哈里·米克斯（Hari Mix）、罗伯·邓巴（Rob Dunbar）、安德烈斯·巴雷斯（Andrés Baresch）、汤姆·沃尔多（Tom Waldo）、吉姆·麦克科夫（Jim Mackovjak）、英加·佩泰斯托（Inga Petaisto）、萨瓦·弗朗西斯（Sawa Francis）、康妮·亚当斯·约翰逊（Connie Adams Johnson）、平建卢（Chien-Lu Ping）、凯特·沃尔特·安东尼（Katey Walter Anthony）、古斯塔夫·休热利乌斯（Gustaf Hugelius）、科林·尚利（Colin Shanley）、约翰·克拉佩克（John Krapek）、麦当娜·莫斯（Madonna Moss）、詹姆斯·西玛德（James Simard）、韦恩·豪威尔（Wayne Howell）、玛丽·贝丝·莫斯（Mary Beth Moss）和巴克·林德库格尔（Buck Lindekugel）。同亚历克西斯·霍克斯（Alexis Hawks）一道闲步散心总能令我恢复活力；她时不时拿音乐换我的新文章，然后会忽然北上，去宜人岛徒步寻找那片小树林。玛丽·坎特雷尔（Mary Cantrell）帮我编辑了参考文献，核查了来源。

本书的大部分内容写于我在斯坦福大学教授写作与修辞（Writing and Rhetoric，PWR）课程及兼职为妮可·阿多因（Nicole Ardoin）博士工作期间。通过接触那些讨论写作和修辞学领域的研究写作（我一度不知道存在这一领域）的学者，我学到了相当多的叙事技巧。感谢PWR让我有机会接触其成员、有机会与我课上那些年轻而又渴望表达的学生们分享我对讲述环境科学故事的爱。班夫艺术与创意中心（Banff Centre for the Arts and Creativity）的环境报告文学之家（Environmental Reportage Residency）在我开始写作之初给了我空间和同仁，令我得以形成《寻找金丝雀树》一书的结构。我感谢科莱特·德沃里兹（Colette Derworiz）、安德鲁·里夫斯（Andrew Reeves）、麦迪·格雷塞尔（Maddie Gressel）和米歇尔·尼胡伊丝（Michelle Nijhurs）提供报告方面的洞见；我还要感谢岛屿出版社（Island Press）的艾琳·约翰逊（Erin Johnson）、汤姆·海登（Tom Hayden）和柯蒂斯·吉莱斯皮（Curtis Gillespie）的早期评论。

对本书中的很多地方我都很有感情。从圣克鲁兹的西侧到马林岬（Marin Headlands）的红杉，再到高特（Gault）和达尔文街（Darwin Streets）的交叉口，加州的沿海地区令人想起了东南诸海。感谢大岛的诺亚·林肯（Noa Lincoln）和达娜·夏皮罗（Dana Shapiro）在他们的农场接待我；感谢法国拉万树（Le Lavancher）的亚历山大·穆勒（Alexandre Muller）——在法国人们接受气候变化就像接受地心引力一样，而我们是否需要就此做什么完全不是要讨论的问题，我感谢他让我在这样一个国家的山区工作。而在勒梅热勒（Lemesurier）岛上跟汉克（Hank）、安雅（Anya）和林尼阿（Linnea）一同度过的日子让我回到了那蓝色、绿色和灰色的树影中——在我最需要它们的时候。

从收到我那一大堆录音文件开始。我的文学代理人杰西卡·帕平（Jessica Papin）一直支持着我，是她的加入让这本书成为现实。

感谢丽兹·卡莱尔（Liz Carlisle）、扎克·昂格（Zac Unger）、朱莉·贝瓦尔德（Juli Berwald）、韦德·戴维斯（Wade Davis）、布鲁克·威廉姆斯（Brooke Williams）、特里·坦普斯特·威廉姆斯（Terry Tempest Williams）、丹·法金（Dan Fagin）和大卫·夸

曼（David Quammen）与我分享了他们各自的写作方法。他们帮助我发现了自己的节奏。丽兹·卡莱尔和苏珊·埃农（Susan Hennon）以敏锐的目光和宝贵的意见伴随我完成了最后的冲刺。基本书（Basic Books）的 T. J. 凯勒赫（Kelleher）和莉亚·斯特彻（Leah Stecher）给了我相当富于思想的评论和编辑。他们的反馈帮助我柔化了科学语言，更多表白了自我，并恰到好处地重写了开头。

我在斯坦福攻读学位期间开展的科学研究获得了多方的资金支持，包括：国家科学基金会（the National Science Foundation）、斯坦福大学环境与资源以及地球能源与环境科学学院艾美特跨学科计划（the Emmett Interdisciplinary Program in Environment and Resources and the School of Earth, Energy, and Environmental Sciences）、斯坦福大学莫里森人口与资源研究所（the Morrison Institute for Population and Resource Studies）、斯坦福大学哈斯公共服务中心（the Haas Center for Public Service）、荒野学会（the Wilderness Society）、乔治·W. 赖特协会（George W. Wright Society）、国家森林基金会（the National Forest Foundation）以及美国农业部森林服务处（阿拉斯加朱诺森林健康保护和太平洋西北研究站）（USDA Forest Service, Forest Health Protection and the Pacific Northwest Research Station）。在我的野外工作中，级联设计（Cascade Designs）、高地山羊（Ibex）和巴塔哥尼亚（Patagonia）为我提供了赞助，为这一恶劣的环境提供了价格合理且可靠的装备。

那么，我的外岸团队今天都在做什么呢？

"乜铎"凯特·卡希尔在制订伐木计划、组织枯枝焚烧、给木材做记号，还有尽力让伐木工人们乖乖听话——她称之为"最脏的林务"，而这正是她一直想干的。她一直决心要当上加州的注册专业林务员（RFP），而这要求至少七年林务工作经验。从加大伯克利分校毕业后，她离开西奥克兰，去了塞拉利昂边缘的一个小镇，在加州大旱期间，她担任过巨型红杉树的仵作，然后去了门多西诺县的乌基亚。

P鱼拿到了林学硕士学位，现在在华盛顿西部任林务员。他的工作是为公众、社区和私人森林管理员策划保护导向的项目。

托马斯·沃德现在生活在威斯康星州，他把我们在群岛度过的那个夏天称为他的二十岁科学实地考察工作的顶点。他的工作是通过改建和修复对自己社区的建筑遗产进行保护，他还担任着自己家庭农场土地的管理员。

奥丁·米勒正在费尔班克斯继续他的研究生学业。他曾受雇于阿拉斯加渔猎局，曾去西伯利亚南部做过志愿者——去做他一位朋友的助理，研究驯鹿牧民——然后又回到了学校，我们上次联系时奥丁告诉我在外岸的经历改变了他的观点，让气候变化在他变得比以前任何时候都更真实、更切身、更近了。他一度认为任何自己还有某些污染环境的习惯的人宣传气候变化都是说不通的，认为人们应当以身作则。但是最近几年，他也开始抱持行动主义，他参与了一项运动，其焦点是在阿拉斯加社区中建设可持续经济、为那些生活在气候变化影响第一线的阿拉斯加当地人发声，还有倡导将化石燃料留在地下。"时不时地我仍会对此感到焦虑或悲观，"他写信跟我说，"但至少我感到我在尽可能地为创造一种不同的未来出自己的一份力。我想找到解决方法需要群策群力——只有群策群力才能为未来指出一条积极之路。"

没有他们，我永远不可能完成我的生态学野外研究。

最后是家人，我要感谢妈妈帕特，哥哥瑞安和嫂嫂米加一直不断地给我鼓励。我要感谢父亲乔治·M. 奥克斯（1945—2013）教会我在每一件事中寻找意义和领悟、讲出自己的真理，并怀着好奇的心灵和头脑离开常路去探索。还有马特——他会大声朗读海明威，就最重要的事情做许多思索；他容许我把房间刷成黄色，还说这是我写作的窝；他会在黎明前放开我的手，推推我柔声说："去写吧，"——这是他家的写作者共有的传统——感谢你支持我完成这项工作——它的开始先于你的出现，而你的出现改变了一切。

注释

说明：在本书的写作中，我维持自己一贯的学术严谨性，对参考文献和特定专题的相关文献进行了标注。因为引用参考文献的目的是保障全面而不是巨细无遗（或者对叙事干扰太大），可以通过关键词搜索获取的那些不具争议性的内容和一般事实的来源未予注明。我采访过的人们并未全部列出，因为在征求许可的环节中一些人选择了保持匿名，而由于我开展研究的村子地处偏远，另一些人的行踪又相当难寻到。文中明确提到人物时均征得了当事人的同意。

书中提到的许多研究成果可以在我发表在同行评审期刊上的三篇学术论文中找到：

Oakes, Lauren E., Paul E. Hennon, Kevin L. O'Hara, and Rodolfo Dirzo. "Long-Term Vegetation Changes in a Temperate Forest Impacted by Climate Change." *Ecosphere* 5, no. 10 (2014): 1-28.

Oakes, Lauren E., Paul E. Hennon, Nicole M. Ardoin, David V. D'Amore, Akida J. Ferguson, E. Ashley Steel, Dustin T. Wittwer, and Eric F. Lambin. "Conservation in a Social-Ecological System Experiencing Climate-Induced Tree Mortality." *Biological Conservation* 192 (2015): 276-285.

Oakes, Lauren E., Nicole M. Ardoin, and Eric F. Lambin. "'I Know, Therefore I Adapt?' Complexities of Individual Adaptation to Climate-Induced Forest

寻找金丝雀树

Dieback in Alaska." *Ecology and Society* 21, no. 2 (2016).

序言

1　Don David and Aylmer Bourke Lambert, *Description of the Genus Pinus, Illustrated with Figures; Directions Relative to the Cultivation, and Remarks on the Uses of Several Species: Also Descriptions of Many Other Trees of the Family Coniferae* (London: Messrs. Weddell, Prospect Row, Waldorth, 1824).

2　Dominick A. DellaSala, Paul Alaback, Toby Spribille, Henrik von Wehrden, and Richard S. Nauman, "Just What Are Temperate and Boreal Rainforests?," in *Temperate and Boreal Rainforests of the World: Ecology and Conservation*, edited by D. DellaSala (Washington, DC: Island Press, 2011), 1-41.

第一部分　慢燃

引子

1　Aldo Leopold, *A Sand County Almanac and Sketches Here and There* (New York: Oxford University Press, 1949).

2　Justin Gillis, "Climate Chaos, Across the Map," *New York Times*, December 30, 2015, https://www.nytimes.com/2015/12/31/science/climate-chaos-across-the-map; Chelsea Harvey, "Greenland Lost a Staggering 1 Trillion Tons of Ice in Just Four Years," *Washington Post*, July 19, 2016, https://www.washingtonpost.com/news/energyenvironment/wp/2016/07/19/greenland-lost-a-trillion-tons-of-ice-in-just-four-years/?utm_term=.846b862a2b22; John Upton, "Oceans Getting Hotter Than Anyone Realized," *Climate Central*, October 5, 2014, www.climatecentral.org/news/oceans-getting-hotter-than-anybody-realized-18139; Emily Atkin,

"Climate Change Is Killing Us Right Now," *New Republic*, July 20, 2017, https://newrepublic.com/article /143899/climate-change-killing-us-right-now.

3 T. R. Allnutt, A. C. Newton, A. Lara, A. Premoli, J. J. Armesto, R. Vergara, and M. Gardner, "Genetic Variation in *Fitzroya cupressoides* (alerce), a Threatened South American Conifer," *Molecular Ecology* 8, no. 6 (1999): 975-987.

4 John Muir, "Timber Resources of Alaska," *Pacific Rural Press* 18, no. 19 (1779): 8.

5 Charles Sheldon, *The Wilderness of the North Pacific Islands: A Hunter's Experience While Searching for Wapiti, Bears, and Caribou on the Larger Islands of British Columbia and Alaska* (New York: Scribner's Sons, 1912).

6 Paul E. Hennon and Charles G. Shaw III, "Did Climatic Warming Trigger the Onset and Development of Yellow-Cedar Decline in Southeast Alaska," *Forest Pathology* 24, no. 6-7 (1994): 399-418.

7 Patrick C. Taylor, Ming Cai, Aixue Hu, Jerry Meehl, Warren Washington, and Guang J. Zhang, "A Decomposition of Feedback Contributions to Polar Warming Amplification," *Climate AMS* 23, no. 18 (2013): 7023-7043, doi:10.1175/JCLI-D-12-00696.1.

8 J. M. Stafford, G. Wendler, and J. Curtis, "Temperature and Precipitation of Alaska: 50 Year Trend Analysis," *Theoretical and Applied Climatology* 67, no. 1-2 (2000): 33-44; T. F. Stocker, D. Qin, G. K. Plattner, M. Tignor, S. K. Allen, J. Boschung, A. Nauels, Y. Xia, V. Bex, and P. M. Midgley, eds., *Climate Change 2013: The Physical Science Basis*, Working Group I Contribution to the Fifth Assessment Report of the Intergovernmental Panel on Climate Change (Cambridge: Cambridge University Press, 2013).

9 Lauren E. Oakes, Paul E. Hennon, Kevin L. O'Hara, and Rodolfo Dirzo, "Long-Term Vegetation Changes in a Temperate Forest Impacted by Climate Change," *Ecosphere* 5, no. 10 (2014): 1-28, doi: 10.1890/ES14-00225.1.

10 Lauren E. Oakes, Paul E. Hennon, Nicole M. Ardoin, David V. D'Amore,

Akida J. Ferguson, E. Ashley Steel, Dustin T. Wittwer, and Eric F. Lambin, "Conservation in a Social-Ecological System Experiencing Climate-Induced Tree Mortality," *Biological Conservation* 192 (2015): 276-285; Lauren E. Oakes, Nicole M. Ardoin, and Eric F. Lambin, "'I Know, Therefore I Adapt?' Complexities of Individual Adaptation to Climate-Induced Forest Dieback in Alaska," *Ecology and Society* 21, no. 2 (2016): 40, doi: 10.5751 /ES-08464-210240.

11 Wallace Stegner, *Collected Stories of Wallace Stegner* (New York: Random House, 1990).

12 David Wallace-Wells, "The Uninhabitable Earth," *New York Magazine*, July 9, 2017. 这是迄今为止 *New York Magazine* 上为人阅读最多的一篇文章。原文章表现出一种基于广泛的报道和最新科学研究的阴暗的未来观，因而引发了广泛的争议。注释版提供了大量参考资料和更多来自科学文献的更详细信息。

第一章 魂灵与墓场

1 John P. Caouette, Marc G. Kramer, and Gregory J. Nowacki, "Deconstructing the Timber Volume Paradigm in Management of the Tongass National Forest," US Department of Agriculture, Forest Service, Pacific Northwest Research Station, PNW-GTR-482, March 2000.

2 Paul E. Hennon, Carol M. McKenzie, David V. D'Amore, Dustin T. Wittwer, Robin L. Mulvey, Melinda S. Lamb, Frances E. Biles, and Rich C. Cronn, "A Climate Adaptation Strategy for Conservation and Management of Yellow-Cedar in Alaska," US Department of Agriculture, Forest Service, Pacific Northwest Research Station, PNW-GTR-917, January 2016, 382.

3 Erin L. Kellogg, ed., *Coastal Temperate Rain Forests: Ecological Characteristics, Status and Distribution Worldwide* (Portland, OR: Ecotrust and Conservation International, 1992).

4 Elizabeth Bluemink, "Warming Trends: Trees Fall to Climate Change," *Juneau Empire*, March 26, 2006, http://juneauempire.com/stories/032606/

sta _20060326002.shtml.

5　Paul E. Hennon, David V. D'Amore, Paul G. Schaberg, Dustin T. Wittwer, and Colin S. Shanley, "Shifting Climate, Altered Niche, and a Dynamic Conservation Strategy for Yellow-Cedar in the North Pacific Coastal Rainforest," *BioScience* 62, no. 2 (2012): 147-158.

6　Paul G. Schaberg, Paul E. Hennon, David V. D'Amore, Gary J. Hawley, and Catherine H. Borer, "Seasonal Differences in Freezing Tolerance of Yellow-Cedar and Western Hemlock Trees at a Plot Affected by Yellow-Cedar Decline," *Canadian Journal of Forest Research* 35, no. 8 (2005): 2065-2070; Paul G. Schaberg, Paul E. Hennon, David V. D'Amore, and Gary J. Hawley, "Influence of Simulated Snow Cover on the Colder Tolerance and Freezing Injury of Yellow-Cedar Seedlings," *Global Change Biology* 14 (2008): 1-12; Paul G. Schaberg, David V. D'Amore, Paul E. Hennon, Joshua M. Halman, and Gary J. Hawley, "Do Limited Cold Tolerance and Shallow Depth of Roots Contribute to Yellow-Cedar Decline?" *Forest Ecology and Management* 262, no. 12 (2011): 2142-2150.

7　Colin M. Beier, Scott E. Sink, Paul E. Hennon, David V. D'Amore, and Glenn P. Juday, "Twentieth-Century Warming and the Dendroclimatology of Declining Yellow-Cedar Forests in Southeastern Alaska," *Canadian Journal of Forest Research* 38, no. 6 (2008): 1319-1334.

8　Melanie A. Harsch, Philip E. Hulme, Matt S. McGlone, and Richard P. Duncan, "Are Treelines Advancing? A Global Meta-Analysis of Treeline Response to Climate Warming," *Ecology Letters* 12, no. 10 (2009): 1040-1049.

第二章　伫立

1　Alaska State Legislature, Final Commission Report: Alaska Climate Impact Assessment Commission, March 17, 2008.

2　C. Tarnocai, G. Canadell, E. A. G. Schuur, P. Kuhry, G. Mazhitova, and

S. Zimov, "Soil Organic Carbon Pools in the Northern Circumpolar Permafrost Region," *Global Biogeochemical Cycles* 23, no. GB2023 (2009); G. Hugelius, J. Strauss, S. Zubrzycki, J. W. Harden, E. A. G. Schuur, C.-L. Ping, L. Schirrmeister, et al., "Estimated Stocks of Circumpolar Permafrost Carbon with Quantified Uncertainty Ranges and Identified Data Gaps," *Biogeosciences* 11 (2014): 6573-6593.

3   Henry C. Cowles, "The Ecological Relations of the Vegetation on the Sand Dunes of Lake Michigan," *Botanical Gazette* 27, no. 3 (1899): 95-117, 167-202, 281-308, 361-391; Chadwick D. Oliver and Bruce C. Larson, *Forest Stand Dynamics*, updated ed. (New York: John Wiley and Sons, 1996).

4   Kevin L. O'Hara, *Multiaged Silviculture: Managing for Complex Stand Structures* (Oxford: Oxford University Press, 2014).

5   Lawrence R. Walker, David A. Wardle, Richard D. Bardgett, and Bruce D. Clarkson, "The Use of Chronosequences in Studies of Ecological Succession and Soil Development," *Journal of Ecology* 98, no. 4 (2010): 725-736.

6   Roman J. Motyka, Christopher F. Larsen, Jeffrey T. Freymueller, and Keith A. Echelmeyer, "Post Little Ice Age Glacial Rebound in Glacier Bay National Park and Surrounding Areas," *Alaska Park Science* 6, no. 1 (2007): 36-41.

第三章　气候变化中的森林与恐惧

1   Henry David Thoreau, *The Journal*, 1837-1861, edited by Damion Searls (New York: New York Review Books, 2009).

2   Abraham J. Miller-Rushing and Richard B. Primack, "Global Warming and Flowering Times in Thoreau's Concord: A Community Perspective," *Ecology* 89, no. 2 (2008): 332-341.

3   Charles G. Willis, Brad Ruhfel, Richard B. Primack, Abraham J. Miller Rushing, and Charles C. Davis, "Phylogenetic Patterns of Species Loss

in Thoreau's Woods Are Driven by Climate Change," *Proceedings of the National Academy of Sciences* 105, no. 44 (2008): 17029-17033.

4 Michelle Nijhuis, "Teaming Up with Thoreau," *Smithsonian*, October 2007.

5 Craig D. Allen, Alison K. Macalady, Haroun Chenchouni, Dominique Bachelet, Nate McDowell, Michel Vennetier, Thomas Kitzberger, et al., "A Global Overview of Drought and Heat-Induced Tree Mortality Reveals Emerging Climate Change Risks for Forests," *Forest Ecology and Management* 259, no. 4 (2010): 660-684.

6 James A. Johnstone and Todd E. Dawson, "Climatic Context and Ecological Implications of Summer Fog Decline in the Coast Redwood Region," *Proceedings of the National Academy of Sciences* 107, no. 10 (2010): 4533-4538.

7 Edward Abbey, *Beyond the Wall: Essays from the Outside* (New York: Holt, Rinehart and Winston, 1984), xvi.

8 Paul E. Hennon, Charles G. Shaw III, and Everett M. Hansen, "Dating Decline and Mortality of *Chamaecyparis nootkatensis* in Southeast Alaska," *Forest Science* 36, no. 3 (1990): 502-515; Amanda B. Stan, Thoman B. Maertens, Lori. D. Daniels, and Stefan Zeglen, "Reconstructing Population Dynamics of Yellow-Cedar in Declining Stands: Baseline Information from Tree Rings," *Tree-Ring Research* 67, no. 1 (2011): 13-25.

9 Martha Martin, *O Rugged Land of Gold* (New York: MacMillan, 1953).

10 Alwyn H. Gentry, "Patterns of Neotropical Plant Species Diversity," In *Evolutionary Biology*, edited by M. K. Hecht, B. Wallace, and G. T. Prance (Boston: Springer, 1982).

第四章 解谜

1 Paul E. Hennon, Charles G. Shaw III, and Everett M. Hansen, "Symptoms and Fungal Associations of Declining *Chamaecyparis nootkatensis* in

Southeast Alaska," *Plant Disease* 74, no. 4 (1990): 267-373.

2　Jim Pojar and Andy MacKinnon, *Plants of the Pacific Northwest Coast* (Vancouver, BC: Lone Pine, 1994).

第五章　倒数

1　François de Liocourt, "De l'amenagement des sapinières," *Bulletin Trimestriel, Société Forestière de Franche-Comté et Belfort, Julliet* (1898): 396-409.

2　Gary Kerr, "The Management of Silver Fir Forests: De Liocourt (1898) Revisited," *Forestry* 87, no. 1 (2014): 29-38.

第二部分　鸟歌

第六章　欣欣向荣

1　Michael Q. Patton, *Qualitative Research and Evaluation Methods*, 3rd ed. (Thousand Oaks, CA: Sage, 2002).

2　Sandra Díaz and Marcelo Cabido, "Vive la Difference: Plant Functional Diversity Matters to Ecosystem Processes," *Trends in Ecology and Evolution* 16, no. 11 (2001): 646-655; Sandra Díaz and Marcelo Cabido, "Plant Functional Types and Ecosystem Function in Relation to Global Change," *Journal of Vegetation Science* (1997): 463-474.

3　Charles Darwin, *On the Origin of Species* (London: John Murray, 1859).

4　Anja Kollmuss and Julian Agyeman, "Mind the Gap: Why Do People Act Environmentally and What Are the Barriers to Pro-Environmental Behavior?" *Environmental Education Research* 8, no. 3 (2002): 239-260.

5　Martin L. Parry, Osvaldo F. Canziani, Jean P. Palutikof, Paul J. van der Linden, and Clair E. Hanson, eds., *Climate Change 2007: Impacts, Adaptation and Vulnerability*, Working Group II Contribution to the Fourth

Assessment Report of the Intergovernmental Panel on Climate Change, (Cambridge: Cambridge University Press, 2007).

6　V. R. Barros, C. B. Field, D. J. Dokken, M. D. Mostrandrea, K. J. Mach, T. E. Bilir, M. Chatterjee, et al., eds. *Climate Change 2014: Impacts, Adaptation and Vulnerability. Part B. Regional Aspects*, Working Group II Contribution to the Fifth Assessment Report of the Intergovernmental Panel on Climate Change (Cambridge: Cambridge University Press, 2014). 第五版评估报告对第四版的定义进行了更新"以反映科学的进步"。(p. 1758)

7　关于是通过间接还是直接经验了解环境影响，参见 D. W. Rajecki, *Attitudes: Themes and Advances* (Sunderland, MA: Sinauer 1982); Matthias Finger, "From Knowledge to Action? Exploring the Relationships Between Environmental Experiences, Learning, and Behavior," *Journal of Social Issues* 50, no. 3 (1994): 141-160; Heidi L. Ballard and Jill M. Belsky, "Participatory Action Research and Environmental Learning: Implications for Resilient Forests and Communities," *Environmental Education Research* 16, no. 5-6 (2010): 611-627; Brenda A. Fonseca and Michelene T. H. Chi, "Instruction Based on Self-Explanation," in *Handbook of Research on Learning and Instruction*, edited by Richard E. Mayer and Patricia A. Alexander (New York: Routledge, 2011), 296-321. 关于人们是否感到担忧，参见 P. Wesley Schultz, "New Environmental Theories: Empathizing with Nature. The Effects of Perspective Taking on Concern for Environmental Issues," *Journal of Social Issues* 56, no. 3 (2000): 391-406; P. Wesley Schultz, "The Structure of Environmental Concern: Concern for Self, Other People, and the Biosphere," *Journal of Environmental Psychology* 21, no. 4 (2001): 327-339; P. Wesley Schultz, "Inclusion with Nature: The Psychology of Human-Nature Relations," in *Psychology of Sustainable Development*, edited by Peter Schmuck and P. Wesley Schultz (Boston, MA: Springer, 2002), 61-78; P. Wesley Schultz, Chris Shriver, Jennifer J. Tabanico, and Azar M. Khazian, "Implicit Connections with Nature," *Journal of Environmental Psychology* 24, no. 1 (2004): 31-42. 关于人们是否感到这一问题自己能够应对，参见

Albert Bandura, "Self-Efficacy: Toward a Unifying Theory of Behavioral Change," *Psychological Review* 84, no. 2 (1977): 191. 最后，关于对受到影响的地方的人是否已经发展出某种依恋，参见 Jerry J. Vaske and Katherine C. Kobrin, "Place Attachment and Environmentally Responsible Behavior," *Journal of Environmental Education* 32, no. 4 (2001): 16-21; Nicole M. Ardoin, "Toward an Interdisciplinary Understanding of Place: Lessons for Environmental Education," *Canadian Journal of Environmental Education* 11, no. 1 (2006): 112-126; Patrick Devine Wright, "Rethinking NIMBYism: The Role of Place Attachment and Place Identity in Explaining Place-Protective Action," *Journal of Community and Applied Social Psychology* 19, no. 6 (2009): 426-441.

8 Derrick Jensen, "Beyond Hope," *Orion Magazine*, May/June 2006.

第七章　为人垂涎

1 Lauren E. Oakes, Paul E. Hennon, Kevin L. O'Hara, and Rodolfo Dirzo, "Long-Term Vegetation Changes in a Temperate Forest Impacted by Climate Change," *Ecosphere* 5, no. 10 (2014): 1-28.

2 Parker E. Calkin, "Holocene Glaciation of Alaska (and Adjoining Yukon Territory, Canada)," *Quaternary Science Reviews* 7, no. 2 (1988): 159-184; David J. Barclay, Gregory C. Wiles, and Parker E. Calkin, "Holocene Glacier Fluctuations in Alaska," *Quaternary Science Reviews* 28, no. 21 (2009): 2034-2048; Olga N. Solomina, Raymond S. Bradley, Vincent Jomelli, Aslaug Geirsdottir, Darrell S. Kaufman, Johannes Koch, Nicholas P. McKay, et al., "Glacier Fluctuations During the Past 2000 Years," *Quaternary Science Reviews* 149 (2016): 61-90.

3 Paul E. Hennon, David V. D'Amore, Paul G. Schaberg, Dustin T. Wittwer, and Colin S. Shanley, "Shifting Climate, Altered Niche, and a Dynamic Conservation Strategy for Yellow-Cedar in the North Pacific Coastal Rainforest," *BioScience* 62, no. 2 (2012): 147-158.

4 Daniel Stokols and Sally A. Shumaker, "People in Places: A Transactional

View of Settings," *Cognition, Social Behavior, and the Environment* (1981): 441-488; Daniel R. Williams and Joseph W. Roggenbuck, "Measuring Place Attachment: Some Preliminary Results," paper presented at NRPA Symposium on Leisure Research, San Antonio, Texas, 1989; Daniel R. Williams and Jerry J. Vaske, "The Measurement of Place Attachment: Validity and Generalizability of a Psychometric Approach," *Forest Science* 49, no. 6 (2003): 830-840; Elisabeth Kals, Daniel Schumacher, and Leo Montada, "Emotional Affinity Toward Nature as a Motivational Basis to Protect Nature," *Environment and Behavior* 31, no. 2 (1999): 178-202; Ruth Rogan, Moira O'Connor, and Pierre Horwitz, "Nowhere to Hide: Awareness and Perceptions of Environmental Change, and Their Influence on Relationships with Place," *Journal of Environmental Psychology* 25, no. 2 (2005): 147-158; Leila Scannell and Robert Gifford, "Defining Place Attachment: A Tripartite Organizing Framework," *Journal of Environmental Psychology* 30, no. 1 (2010): 1-10.

5   Thomas J. Thornton, ed., *Haa Leelk'w Has Aani Saax'u / Our Grandparents' Names on the Land* (Seattle: University of Washington Press, 2012).

6   Wayne W. Leighty, Steven P. Hamburg, and John Caouette, "Effects of Management on Carbon Sequestration in Forest Biomass in Southeast Alaska," *Ecosystems* 9, no. 7 (2006): 1051-1065.

7   Joseph A. Roos, Daisuke Sasatani, Allen M. Brackley, and Valerie Barber, "Recent Trends in the Asian Forest Products Trade and Their Impact on Alaska," US Department of Agriculture, Forest Service, Pacific Northwest Research Station, PNW-RN-564, 2010, 1-42; "Log Value Up," Masthead at Press Time, *Maritime Digest*, June 9, 1973, 2.

8   美国国家林业局 R10 区域评估林务员 Inga Petaisto 2017 年 11 月 2 日致本书作者的电子邮件；数据由美国国家林业局 R10 数据员 Sawa Francis 整理自历史木材砍伐销售报告：https://www.fs.fed.us/forestmanagement / products/cut-sold/index.shtml.

9   Donald B. Zobel, "Chamaecyparis Forests," in *Coastally Restricted Forests*, edited by Aimlee D. Laderman (Oxford: Oxford University Press

寻找金丝雀树

on Demand, 1998), 39-53.

10　Paula Dobbyn, "Icy Straits Lumber and Milling Co. Expands in SE," *Alaska Journal of Commerce*, August 9, 2012, www.alaskajournal.com/community/2012-08-09/icy-straits-lumber-and-milling-co-expands-se.

第八章　分隔与归属

1. Thomas F. Thornton, *Being and Place Among the Tlingit* (Seattle: University of Washington Press, 2011), 43-44.

2　Madonna L. Moss, "The Status of Archaeology and Archaeological Practice in Southeast Alaska in Relation to the Larger Northwest Coast," *Arctic Anthropology* 41, no. 2 (2004): 177-196; John Lindo, Alessandro Achilli, Ugo A. Perego, David Archer, Cristina Valdiosera, Barbara Petzelt, Joycelynn Mitchell, et al., "Ancient Individuals from the North American Northwest Coast Reveal 10,000 Years of Regional Genetic Continuity," *Proceedings of the National Academy of Sciences* 114, no. 16 (2017): 4093-4098.

3　Madonna Moss, Justin M. Hays, Peter M. Bowers, and Douglas Reger, "The Archaeology of Coffman Cove, 5,500 Years of Settlement in the Heart of Southeast Alaska," University of Oregon Anthropological Papers, 2016, No. 72, 17.

4　"Eyak, Tlingit, Haida, and Tsimshian Cultures of Alaska," Alaska Native Heritage Center, n.d., www.alaskanative.net/en/main-nav/education-and-programs/cultures-of-alaska/eyak-tlingit-haida-and-tsimshian.

5　Paul E. Hennon, Carol M. McKenzie, David D. D'Amore, Dustin T. Wittwer, Robin L. Mulvey, Melinda S. Lamb, Frances E. Biles, and Rich C. Cronn, "A Climate Adaptation Strategy for Conservation and Management of Yellow-Cedar in Alaska," US Department of Agriculture, Forest Service, Pacific Northwest Research Station, PNW-GTR-917, January 2016, 2-4; Alden Springer Crafts and Carl E. Crisp, *Phloem Transport in Plants* (San Francisco: W. H. Freeman, 1971).

6 Nancy J. Turner, "Plants in British Columbia Indian Technology," Handbook no. 38 (Victoria: Royal British Columbia Museum, 1979), 309.

7 Nancy Turner, *Ancient Pathways, Ancestral Knowledge: Ethnobotany and Ecological Wisdom of Indigenous Peoples of Northwestern North America*, vol. 1 (Montreal: McGill-Queen's University Press, 2014), 27.

8 Wallace Stegner to David E. Pesonen, December 3, 1960, in Wallace Stegner, *The Sound of Mountain Water* (New York: Doubleday, 1969), 145- 153, reproduced at "Wallace Stegner," Wilderness Society, https:// wilderness .org/bios/former-council-members/wallace-stegner.

9 Philip L. Fradkin, *Wallace Stegner and the American West* (Berkeley: University of California Press, 2009).

10 Wilderness Act, Pub. L. No. 88-577. U.S.C. § 1(c), 1131-1136 (1964).

11 Stegner to Pesonen, in Stegner, *Sound of Mountain Water*.

12 Roderick Nash, *Wilderness and the American Mind*, 3rd ed. (New Haven, CT: Yale University Press, 1982), and Roderick Nash, "Wilderness Is All in Your Mind," *Backpacker* 31 7, no. 1 (February/March 1979): 39-41, 70-75.

13 William Cronon, "The Trouble with Wilderness: Or, Getting Back to the Wrong Nature," *Environmental History* 1, no. 1 (1996): 7-28; William Cronon, ed., "The Trouble with Wilderness: Or, Getting Back to the Wrong Nature," in William Cronon, *Uncommon Ground: Rethinking the Human Place in Nature* (New York: W. W. Norton, 1995), 69-90.

14 改编自赫斯基特（Hesquiat）的 Alice Paul 的原始故事，已征得原作者同意：Nancy J. Turner and Barbara S. Efrat, *Ethnobotany of the Hesquiat Indians of Vancouver Island*, Cultural Recovery Paper No. 2 (Victoria: British Columbia Provincial Museum, 1982), 33.

15 Cyrus E. Peck, *The Tides People: Tlingit Indians of Southeast Alaska* (C. E. Peck, 1986).

16 Kari M. Norgaard, *Living in Denial: Climate Change, Emotions, and Everyday Life* (Cambridge, MA: MIT Press, 2011), xix, 8.

17 Paul C. Stern and Thomas Dietz, "The Value Basis of Environmental

Concern," *Journal of Social Issues* 50, no. 3 (1994): 65-84.

18 P. Wesley Schultz, "The Structure of Environmental Concern: Concern for Self, Other People, and the Biosphere," *Journal of Environmental Psychology* 21, no. 4 (2001): 327-339.

第九章 饱和点

1 R. Bryan Kennedy and D. Ashley Kennedy, "Using the Myers-Briggs Type Indicator® in Career Counseling," *Journal of Employment Counseling* 41, no. 1 (2004): 38-43.

2 Carl G. Jung, *Collected Works of CG Jung, vol. 6, Psychological Types*, edited by Gerhard Adler and R. F. C. Hull (Princeton, NJ: Princeton University Press, 1971), 169-170.

3 Isabel B. Myers and Peter B. Myers, *Gifts Differing* (Palo Alto, CA: Consulting Psychologists Press, 1980).

第三部分 明日

第十章 度量与无量

1 Center for Biological Diversity, The Boat Company, Greater Southeast Alaska Conservation Community, and Greenpeace, "Petition to List Yellow-Cedar, *Callitropsis nootkatensis*, Under the Endangered Species Act," Notice of Petition to Sally Jewell, Secretary of the Interior, US Department of the Interior, June 24, 2014, 59.

2 同上, 8.

3 Sandra Díaz and Marcelo Cabido, "Vive la Difference: Plant Functional Diversity Matters to Ecosystem Processes," *Trends in Ecology and Evolution* 16, no. 11 (2001): 646-655.

4 Bill McKibben, *Oil and Honey: The Education of an Unlikely Activist* (New York: St. Martin's Press, 2013).

5 David L. Uzzell, "The Psycho-Spatial Dimension of Global Environmental Problems," *Journal of Environmental Psychology* 20, no. 4 (2000): 307-318.

6 James A. Hansen, "The Greenhouse Effect: Impacts on Current Global Temperature and Regional Heat Waves," presented to the Committee on Energy and Natural Resources, US Senate, Washington, DC, June 23, 1988.

7 Richard A. Kerr, "Hansen vs. the World on the Greenhouse Threat," *Science* 244, no. 4908 (1989): 1041-1044.

8 James Hansen and Sergej Lebedeff, "Global Trends of Measured Surface Air Temperature," *Journal of Geophysical Research: Atmospheres* 92, no. D11 (1987): 13345-13372; James Hansen and Sergej Lebedeff, "Global Surface Air Temperatures: Update Through 1987," *Geophysical Research Letters* 15, no. 4 (1988): 323-326.

9 John Tyndall, "On the Absorption and Radiation of Heat by Gases and Vapours, and on the Physical Connection of Radiation, Absorption, and Conduction," *Philosophical Transactions of the Royal Society of London* 151 (1861): 1-36.

10 Svante Arrhenius, "On the Influence of Carbonic Acid in the Air upon the Temperature of the Ground," *Philosophical Magazine and Journal of Science*, series 5, vol. 41 (1896): 237-276.

11 Mark Bowen, *Censoring Science: Inside the Political Attack on Dr. James Hansen and the Truth About Global Warming* (New York: Penguin, 2008).

12 Bill McKibben, *The End of Nature* (New York: Random House, 1989), 51.

13 McKibben, *Oil and Honey*, 108.

14 Anthony Leiserowitz, Edward Maibach, Connie Roser-Renouf, Geoffrey Feinberg, and Seth Rosenthal, *Global Warming's Six Americas*, Yale University and George Mason University (New Haven, CT: Yale Program on Climate Change Communication, 2015). 我引用的数字是基于 2009

年 原 始 研 究 的 更 新 版，参 见 http://climatecommunication.yale. edu/visualizations-data/six-americas.

15 Connie Roser-Renouf, Edward Maibach, Anthony Leiserowitz, and Seth Rosenthal, *Global Warming's Six Americas and the Election*, Yale University and George Mason University (New Haven, CT: Yale Program on Climate Change Communication, 2016).

16 Michael E. Mann, *The Hockey Stick and the Climate Wars: Dispatches from the Front Lines* (New York: Columbia University Press, 2012), 253.

17 John H. Richardson, *When the End of Human Civilization Is Your Day Job*, *Esquire*, July 7, 2015, www.esquire.com/news-politics/a36228 /ballad-of-the-sad-climatologists-0815.

18 Rebecca Solnit, *Hope in the Dark: Untold Histories, Wild Possibilities*, 3rd ed. (Chicago: Haymark Books, 2016), 22.

19 Naomi Klein, *This Changing Everything: Capitalism vs. the Climate* (New York: Simon and Schuster, 2014), 21.

第十一章 最大的机会

1 Nathan G. McDowell, A. P. Williams, C. Xu, W. T. Pockman, L. T. Dickman, S. Sevanto, R. Pangle, et al., "Multi-Scale Predictions of Massive Conifer Mortality Due to Chronic Temperature Rise," *Nature Climate Change* 6, no. 3 (2016): 295-300; Craig D. Allen, "Forest Ecosystem Reorganization Underway in the Southwestern United States: A Preview of Widespread Forest Changes in the Anthropocene," in *Forest Conservation in the Anthropocene:Science, Policy, and Practice*, edited by Sample V. Alaric, Bixler R. Patrick, and Miller Char (Boulder: University Press of Colorado, 2016), 57-70; Craig D. Allen, David D. Breshears, and Nate G. McDowell, "On Underestimation of Global Vulnerability to Tree Mortality and Forest Die-Off from Hotter Drought in the Anthropocene," *Ecosphere* 6, no. 8 (2015): 1-55; Amy C. Bennett, Nathan G. McDowell, Craig D. Allen, and Kristina J. Anderson- Teixeira, "Larger Trees Suffer

Most During Drought in Forests Worldwide," *Nature Plants* 1, no. 10 (2015): 15139.

2　Cally Carswell, "The Tree Coroners: To Save the West's Forests, Scientists Must First Learn How Trees Die," *High Country News*, December 9, 2013.

3　Michelle Nijhuis, "For the Love of Trees," *High Country News*, December 9, 2013.

4　Craig D. Allen, "Changes in the Landscapes of the Jemez Mountains, New Mexico" (PhD diss., University of California-Berkeley, 1989), 253-254.

5　Craig D. Allen and David D. Breshears, "Drought-Induced Shift of a Forest-Woodland Ecotone: Rapid Landscape Response to Climate Variation," *Proceedings of the National Academy of Sciences* 95, no. 25 (1998): 14839-14842.

6　William R. L. Anderegg, Jeffrey M. Kane, and Leander D. L. Anderegg, "Consequences of Widespread Tree Mortality Triggered by Drought and Temperature Stress," *Nature Climate Change* 3, no. 1 (2013): 30-36; William R. L. Anderegg, Lenka Plavcová, Leander D. L. Anderegg, Uwe G. Hacke, Joseph A. Berry, and Christopher B. Field, "Drought's Legacy: Multiyear Hydraulic Deterioration Underlies Widespread Aspen Forest Die-Off and Portends Increased Future Risk," *Global Change Biology* 19, no. 4 (2013): 1188-1196; William R. L. Anderegg, Joseph A. Berry, Duncan D. Smith, John S. Sperry, Leander D. L. Anderegg, and Christopher B. Field, "The Roles of Hydraulic and Carbon Stress in a Widespread Climate-Induced Forest Die-Off," *Proceedings of the National Academy of Sciences* 109, no. 1 (2012): 233-237.

7　William R. L. Anderegg, "Good Night, Sweet Trees: Sudden Aspen Decline Is Like a Shakespearean Tragedy," *High Country News*, February 26, 2010.

8　Eric Klinenberg, "Adaptation: How Can Cities Be 'Climate-Proofed'?" *The New Yorker*, January 7, 2013.

第十二章 哨兵

1 Rainer Maria Rilke, *Letters to a Young Poet*, translated by M. D. Herter Norton, rev. ed. (New York: W. W. Norton, 2004 [1934]).

2 Gregory C. Wiles, Daniel E. Lawson, Nick Wiesenberg, Caitlin Fetters, and Brian Tracy, "Tree Ring Dating, Glacier Dynamics, and Tlingit Ethnographic Histories of Little Ice Age Environmental Change in Glacier Bay National Park and Preserve, Alaska," manuscript in prep.

3 Mary Beth Moss 2017 年 11 月 13 日和 2018 年 5 月 11 日致本书作者的电子邮件。

4 Sarah McGrath, Greg Wiles, Wayne Howell, Nick Wiesenberg, and Colin Mennett, "Tree Ring Dating of Traditional Native Bark Stripping on Pleasant Island, Icy Strait, Southeast Alaska, USA," manuscript in prep.

5 Gay Alcorn, "Tony Abbott and Naomi Klein Agree: We Can't Beat Climate Change Under Capitalism," Guardian, September 3, 2015, https:// www. theguardian.com/commentisfree/2015/sep/03/tony-abbott-and-naomi -klein-agree-we-cant-beat-climate-change-under-capitalism; Naomi Klein, *This Changes Everything: Capitalism vs. the Climate* (New York: Simon and Schuster, 2014), 452.

后记

1 John Krapek, Paul E. Hennon, David V. D'Amore, and Brian Buma, "Despite Available Habitat at Range Edge, Yellow-Cedar Migration Is Punctuated with a Past Pulse Tied to Colder Conditions," *Diversity and Distributions* (2017): 1-12.

2 John Krapek and Brian Buma, "Limited Stand Expansion by a Long- Lived Conifer at a Leading Northern Range Edge, Despite Available Habitat," *Journal of Ecology* 106, no. 3 (2018): 911-924.

3 Maria L. La Ganga, "Alaska Yellow Cedar Closer to Endangered Species Act Protection," *Los Angeles Times*, April 10, 2015, www.latimes.com/

nation/nationnow/la-na-nn-alaska-yellow-cedar-20150410-story.html.

4 Paul E. Hennon, Carol M. McKenzie, David V. D'Amore, Dustin T. Wittwer, Robin L. Mulvey, Melinda S. Lamb, Frances F. Biles, and Rich C. Cronn, "A Climate Adaptation Strategy for Conservation and Management of Yellow-Cedar in Alaska," US Department of Agriculture, Forest Service, Pacific Northwest Research Station, PNW-GTR-917, January 2016.

5 Brian Buma, Paul E. Hennon, Constance A. Harrington, Jamie R. Popkin, John Krapek, Melinda S. Lamb, Lauren E. Oakes, Sari Saunders, and Stefan Zeglen, "Crossing the Snow-Rain Threshold: Emerging Mortality over 10 Degrees of Latitude of a Climate-Threatened Conifer," *Global Change Biology* 23, no. 7 (2017): 2903-2914.

6 Tara M. Barrett and Robert R. Pattison, "No Evidence of Recent (1995-2013) Decrease of Yellow-Cedar in Alaska," *Canadian Journal of Forest Research* 47, no. 999 (2016): 97-105.

7 Brian Buma, "Transitional Climate Mortality: Slower Warming May Result in Increased Climate-Induced Mortality in Some Systems," *Ecosphere* 9, no. 3 (2018): e02170.

8 Barrett and Pattison, "No Evidence of Recent (1995-2013) Decrease; Alison Bidlack, Sarah Bisbing, Brian Buma, David V. D'Amore, Paul E. Hennon, Thomas Heutte, John Krapek, Robin Mulvey, and Lauren E. Oakes, "Alternative Interpretation and Scale-Based Context for 'No Evidence of Recent (1995-2013) Decrease in Yellow-Cedar in Alaska' (Barrett and Pattison 2017)," *Canadian Journal of Forest Research* 47, no. 8 (2017): 1145-1151.

　　　　　　　　　　　寻找金丝雀树

延伸阅读

约翰·考维特与阿什利·斯蒂尔的合作研究：

Caouette, J. P., E. A. Steel, P. E. Hennon, P. G. Cunningham, C. A. Pohl, and B. A. Schrader, "Influence of Elevation and Site Productivity on Conifer Distributions Across Alaskan Temperate Rainforests." *Canadian Journal of Forest Research* 46, no. 2 (2015): 249-261.

关于历史气候信息和森林分布：

Davis, Margaret B., "Quaternary History of Deciduous Forests of Eastern North America and Europe," *Annals of the Missouri Botanical Garden* 70, no. 3 (1983): 550-563.

Davis, Margaret B., and Ruth G. Shaw, "Range Shifts and Adaptive Responses to Quaternary Climate Change," *Science* 292, no. 5517 (2001): 673-679.

Graham, Russel W., and Eric C. Grimm, "Effects of Global Climate Change on the Patterns of Terrestrial Biological Communities," *Trends in Ecology and Evolution* 5, no. 9 (1990): 289-292.

Webb, T. I. I. I., and P. J. Bartlein, "Global Changes During the Last 3 Million Years: Climatic Controls and Biotic Responses," *Annual Review of Ecology and Systematics* 23, no. 11 (1992): 141-173.

关于北极的永久冻土和碳：

Hollesen, Jørgen, Henning Matthiesen, Anders Bjørn Møller, and Bo Elberling, "Permafrost Thawing in Organic Arctic Soils Accelerated by Ground Heat Production." *Nature Climate Change* 5, no. 6 (2015): 574-578.

Hugelius, Gustaf, Tarmo Virtanen, Dmitry Kaverin, Alexander Pastukhov, Felix Rivkin, Sergey Marchenko, Peter Kuhry, et al. "High-Resolution Mapping of Ecosystem Carbon Storage and Potential Effects of Permafrost Thaw in Periglacial Terrain, European Russian Arctic." *Journal of Geophysical Research: Biogeosciences* 116, no. G3 (2011).

Schuur, E. A. G., A. D. McGuire, C. Schädel, G. Grosse, J. W. Harden, D. J. Hayes, G. Hugelius, et al. "Climate Change and the Permafrost Carbon Feedback." *Nature* 520, no. 7546 (2015): 171-179.

关于气候变化中的森林回枯事件和植物群落：

Anderegg, William R. L., Joseph A. Berry, Duncan D. Smith, John S. Sperry, Leander D. L. Anderegg, and Christopher B. Field. "The Roles of Hydraulic and Carbon Stress in a Widespread Climate-Induced Forest Die-Off." *Proceedings of the National Academy of Sciences* 109, no. 1 (2012): 233-237.

Anderegg, William R. L., Jeffrey M. Kane, and Leander D. L. Anderegg. "Consequences of Widespread Tree Mortality Triggered by Drought and Temperature Stress." *Nature Climate Change* 3, no. 1 (2013): 30-36.

Hansen, Andrew J., Ronald P. Neilson, Virginia H. Dale, Curtis H. Flather, Louis R. Iverson, David J. Currie, Sarah Shafer, Rosamonde Cook, and Patrick J. Bartlein. "Global Change in Forests: Responses of Species, Communities, and Biomes: Interactions Between Climate Change and Land Use Are Projected to Cause Large Shifts in Biodiversity." *BioScience* 51, no. 9 (2001): 765-779.

McDowell, Nate, William T. Pockman, Craig D. Allen, David D. Breshears, Neil Cobb, Thomas Kolb, Jennifer Plaut, et al. "Mechanisms of Plant

Survival and Mortality During Drought: Why Do Some Plants Survive While Others Succumb to Drought?" *New Phytologist* 178, no. 4 (2008): 719-739.

Sevanto, Sanna, Nate G. McDowell, L. Turin Dickman, Robert Pangle, and William T. Pockman. "How Do Trees Die? A Test of the Hydraulic Failure and Carbon Starvation Hypotheses." *Plant, Cell & Environment* 37, no. 1 (2014): 153-161.

Walther, Gian-Reto, Eric Post, Peter Convey, Annette Menzel, Camille Parmesan, Trevor J. C. Beebee, Jean-Marc Fromentin, Ove Hoegh-Guldberg, and Franz Bairlein. "Ecological Responses to Recent Climate Change." *Nature* 416, no. 6879 (2002): 389-395.

关于此属的植物学争论：

Farjon, A., Nguyen Tien Hiep, D. K. Harder, Phan Ke Loc, and L. Averyanov. "A New Genus and Species in Cupressaceae (Coniferales) from Northern Vietnam, *Xanthocyparis vietnamensis*." *Novon* 12, no. 2 (2002): 179-189.

Oersted, Anders S. "Bidrag til Naaletraeernes Morphologi, Videnskabelige Meddelelser fra Dansk Naturhistorisk Forening I Kjobenhavn" [Contributions to the Morphology of Conifers, Contributions to the Natural History Society of Copenhagen]. Series 2, no. 6 (1864): 1-36.

Spach, Édouard. *Histoire Naturelle des Végétaux. Phanérogames*. Paris: Librairie Encyclopédique De Roret, 1842.

西北海岸的首批住民：

Carlson, Roy L. "Trade and Exchange in Prehistoric British Columbia." In *Prehistoric Exchange Systems in North America*, edited by T. G. Baugh and J. E. Ericson, 307-361. London: Springer, 1994.

Davis, Stanley D. "Prehistory of Southeastern Alaska." In *Handbook of North American Indians*. Vol. 7, Northwest Coast, edited by Wayne Suttles and William C. Sturtevant, 197-202. Washington, DC: Smithsonian

Institute, 1990.

Dixon, E. James. *Bones, Boats, and Bison*. Albuquerque: University of New Mexico, 1999.

Matson, R. G., and Cary Coupland. *The Prehistory of the Northwest Coast*. San Diego: Academic Press, 1995.

Moss, Madonna L. *Northwest Coast: Archaeology as Deep History*. Washington, DC: SAA Press, 2011.

Moss, Madonna L., and Jon M. Erlandson. "Reflections on North American Pacific Coast Prehistory." *Journal of World Prehistory* 9, no. 1 (1995): 1-45.

译后记

　　科学的局限性在于不能回答人的问题，而如果说众科学曾一度是哲学的使女（ancillae）恰如哲学是神学的使女，那么今天的科学很大程度上却已经僭越称主。这虽是老生常谈，但总的来看，绝大多数人并不能切身感受到科学的庖代如何令人陷于水深火热的境地，相反，人们对以现代农业、工业和医学为代表的现代科技大唱赞歌，对于人类"进步"的反思则常常止于恩格斯所说的人对自然的每一次胜利都遭到其报复云云。

　　这种科学在其语境内的自我检讨就是本书作者奥克斯博士最初所走的那条阳关大道：研究人类活动对自然的影响及其缓解途径。原本，这类研究靠了唯物主义与世俗功利主义的双剑完全可以自圆其说，唯一的问题是对于一个有灵的人，对于一颗感受的心而言这中间存在某种巨大的缺陷。这种对于皇帝的新衣的警觉促使作者另辟蹊径，我们也因之得以一窥在自然、人性与科学的交界地带那更真实的世界。

　　书中作者认为科学难以解决（不过作者有时也暗示社会科学可以提供解答）而她自己迫切想要回答的问题归结起来有二。

　　第一个问题是个人层面的。人生会经历无数的失去，甚至世俗地说，最终因为死亡，人还要失去一切。以死亡为最高表现的这一黯淡前途的阴影有多种形式，而气候变化所预言的日暮途穷是其中之一。这一事实与人对世界和自身的预期相左，人会因此陷入挣扎。在作者看来挣扎的结果是成长，而其中的魔法师是时间和经验。甚至就终极的恐惧而言，人最终也能重获宁静——虽然两三千年前的古人便已经得出结论曰：人生的净余是痛苦，因而不值得过，叔本华也邀请过我们想象一种生物吞食另一种生物时各自感受之悬殊（明显的结论是世界的痛苦的总量远大于幸福）——毕竟人被称为唯一"自知有死却仍活着的动物"。对于看似无法承受的气候变化前景，人的接受方式是类似的，而作者在书中并未明确回答对于这一无法接受和处理的事实，人是如何接受和处理的。犬儒地，作者提供的方案可以总结为"用爱发电"。而读者如果恰好与作者合拍，那么便能深刻地意识到将任何诉诸人性的解决方案讥为用爱发电是多么可悲。在本书的框架下，人有两大非凡之处，其一是恶，其二是爱。所以非凡，在于人以外的一切（在本书框架下即自然）既不作恶也没有爱。所以，虽然背负恶的原罪，但人也无须终日披麻蒙灰忏悔，因为爱是人性永恒的礼赞。

第二个问题是文化层面的。在心灵深处，人渴望联结和确认而厌恶狼奔豕突。人是天生的保守主义者。有意思的是，这一倾向的核心并不在于自然，而在于联系及构建于其上的秩序。自然是时间有形的洪流，人有时幻想与自然的和谐，但就自然的整个历史来看，这一谐也不过是意淫罢了。人必然会将感情投入自然的某一相当局限的部分，在这一意义上，其实难免不发生"割裂"。但如果说恩格斯警告的出发点代表着某种不健康的割裂，即认为人利用自然的目的是物质和功利的，那么保守主义的割裂却与此不同，在于维护某种神圣秩序，从而可以别扭地称为健康的。人性是这一神圣的见证之一，但神圣在人之外也不乏体现，北美金柏便是其中之一，所以虽然在本书开篇作者思考过金丝雀的问题，但后来她承认这一问题已经消解，因为她模糊地预感到了承载个体的不仅是"地母"自然，而是人的神性和神圣秩序，可以称为文化，但作为地母的对应，不妨认其为天父。不难看出，在观察和思考格雷格·史翠夫勒的生活时，在共情于阿拉斯加的原住民特林吉特人与自然的合一时，甚至在追问信仰的位置何在时，作者所关注的都不是我们由《归园田居》《桃花源记》而熟识的人与自然的诗意关系，而是传统文化——集体的人借着爱与人以外的万物建立的神圣联系。而联系的规范对象如果是人的个体，便称为神圣秩序，一而二，二而一。

自然，本书的内容是全然世俗的，仅有的例外大约是"信仰"一词、格雷格·史翠夫勒关于大弥撒的童年回忆，还有"天恩"（Grace）——为什么作者会突兀地使用这一基督教概念？与书中其余突兀的乐观跳跃一样，我们从中可以看出对目前困境的解答似乎来自某种未言明而超乎想象的东西。

在回答两个问题的同时，更加具体地，书中谈到了若干个切实的"从我做起"。环境问题如果存在应对方案，那么其令人不安以及导致人对其选择性无视的便在于方案将给惯于现代便利的人们造成方方面面的局限和不适，大到城市的雨污系统和渠化的城市河道，小到购物用塑料袋，有许多习以为常的便利需要牺牲，这带来了两方面的问题。

一是人如何能有牺牲的动力？爱是否足够人抵挡这样的论调——"我们就吃吃喝喝吧！因为明天要死了"（哥林多前书 15:32）？牺牲只有在人不以自己为最高目的时才有可能，这意味着爱不能是情绪，而需要是信仰。

二是，另一方面，人要做出多大的牺牲才够？跨越舒适的界限自不待言，但是不是像费孝通在《乡土中国》中所言，成了"人和稻相配地活着"，人的尊严高过畜牲是否是虚妄？任何自律的思考者都不能将这一反问简单斥为抬杠，因为认为牺牲不至于此的，和那些吃吃喝喝的人相比不过五十步笑百步罢了。但牺牲仍然不至于此，原因正在那承载万有的秩序、最广义的文化，我们因之坚信人是万灵之长，人必是持家的，当怀着爱管理万物。

> 我观看你指头所造的天，并你所陈设的月亮星宿，
> 便说："人算什么，你竟顾念他？世人算什么，你竟眷顾他？
> 你叫他比神微小一点，并赐他荣耀尊贵为冠冕。
> 你派他管理你手所造的，使万物，就是一切的牛羊，田野的兽，空中的鸟，海里的鱼，凡经行海道的，都服在他的脚下。"
>
> （诗篇 8：3-6）

图书在版编目（CIP）数据

寻找金丝雀树：关于一位科学家、一株柏树和一个
不断变化的世界的故事 /（美）劳伦·E.奥克斯著；李
可欣译 .—北京：商务印书馆，2021
（自然文库）
ISBN 978-7-100-20145-2

Ⅰ.①寻…　Ⅱ.①劳…②李…　Ⅲ.①环境生物学
Ⅳ.①X17

中国版本图书馆 CIP 数据核字（2021）第 157715 号

自然文库
寻找金丝雀树
关于一位科学家、一株柏树和一个不断变化的世界的故事
〔美〕劳伦·E.奥克斯（Lauren E. Oakes）　著
李可欣　译

商 务 印 书 馆 出 版
（北京王府井大街 36 号　邮政编码 100710）
商 务 印 书 馆 发 行
北京新华印刷有限公司印刷
ISBN 978－7－100－20145－2

2021 年 9 月第 1 版　　　　开本 710×1000 1/16
2021 年 9 月北京第 1 次印刷　印张 19³/₄
定价：68.00 元